中等职业教育装备制造领域
高素质技术技能人才培养系列教材

数控铣床与加工中心技能训练教程

任士明　张亚力　主　编
王乐文　韩富平　任　涛　副主编

化学工业出版社
·北京·

内容简介

本书是参照数控加工领域职业岗位技能需求、国家职业技能标准及职业技能竞赛技术规范有关内容要求，以企业、职业技能鉴定、技能竞赛真实案例为载体编写的服务"岗课赛证"的融通教材。本书为新形态一体化教材，全书划分为16个任务，每个任务即是一个完整的产品加工过程。主要学习内容包括数控铣床操作安全、数控铣床的结构及基本操作、零件图分析、零件毛坯确定、加工工艺路线确定、工序尺寸及公差确定、加工设备选择、切削用量选择、数控加工刀具选择、数控加工夹具选择、数控加工工艺规程制定、数控铣床手工编程、程序传输与校验、常用工量具使用、工件装夹找正及工件坐标系建立、自动编程、机床维护保养。

本书可作为中职院校数控技术应用及相关专业教材，也可以作为企业岗位培训教材。

图书在版编目（CIP）数据

数控铣床与加工中心技能训练教程 / 任士明, 张亚力主编. -- 北京: 化学工业出版社, 2024.6
ISBN 978-7-122-45428-7

Ⅰ. ①数⋯ Ⅱ. ①任⋯ ②张⋯ Ⅲ. ①数控机床-铣床-程序设计-教材 ②数控机床加工中心-程序设计-教材 Ⅳ. ① TG547 ② TG659

中国国家版本馆 CIP 数据核字（2024）第 074025 号

责任编辑：韩庆利　　　　　　　　文字编辑：宋　旋
责任校对：李雨函　　　　　　　　装帧设计：王晓宇

出版发行：化学工业出版社
　　　　　（北京市东城区青年湖南街 13 号　邮政编码 100011）
印　　装：大厂聚鑫印刷有限责任公司
880mm×1230mm　1/16　印张 13$\frac{1}{2}$　字数 421 千字
2024 年 6 月北京第 1 版第 1 次印刷

购书咨询：010-64518888　　　　　　售后服务：010-64518899
网　　址：http://www.cip.com.cn
凡购买本书，如有缺损质量问题，本社销售中心负责调换。

定　　价：45.00 元　　　　　　　　　　　　　　　版权所有　违者必究

前言

为了贯彻落实国家关于职业教育工作和教材工作的重要指示，全面贯彻党的教育方针，落实立德树人根本任务，突显职业教育类型特色，本书根据教育部《职业教育提质培优行动计划（2020—2023 年）》精神，参照数控加工领域职业岗位技能需求、国家职业技能标准及职业技能竞赛技术规范有关内容要求，以企业、职业技能鉴定、技能竞赛真实案例为载体编写了服务"岗课赛证"的融通教材。本书可作为中职院校数控技术应用及相关专业的教材，也可以作为企业岗位培训教材。

数控铣床与加工中心在现代装备制造业中的应用极为广泛，其编程及操作技能是数控加工领域职业岗位所必需的核心技能。

本书涵盖了机械产品从技术准备到生产加工全过程的基本知识和技能，内容丰富，视野开阔。任务难度适中，前后任务知识、技能深度环环相扣，循序渐进，遵循学生认知规律，符合职业教育理念。

本书的编写特色及创新点如下：

（1）本书纵向结构遵循典型产品加工过程中工作环节的时间顺序，将职业岗位技能需求、国家职业技能标准及职业技能竞赛技术规范有关内容要求通过重构、序化，以螺旋式、循环往复式结构进行编排，使前后任务之间既有新知识点和技能点的补充，也有学习内容的重复折叠，前后任务知识技能深度环环相扣，循序渐进，遵循学生认知规律，符合职业教育理念。任务难度适中且上一任务完成的经验重现会使学生增强学习自信心，提高学习动力。

（2）本书横向结构满足学习者职业生涯发展需求，按照工作过程的顺序和学生自主学习的要求而编排设计，让学生"一站式"学习，把学到的知识串联起来，能够有效地在大脑中建立知识框架，提高学生的动手能力，增强学生学习的热情和动力。每个任务设计具有局部工作环节的模块化课程，重点突出与操作技能相关的必备专业知识，理论知识以实用、够用为原则，利用通俗易懂的语言及鲜明的表格呈现出理论逻辑知识，突出重点，最终引导学生通过步步为营的方式实现每个职业阶段的发展目标，促进学生的持续性和全面性发展。

（3）本书以学生发展为根本目的，注重学生尊严和价值的充分肯定，在内容结构上，除本任务重点训练的局部工作环节，其他除涉及本任务生产过程的知识技能外选择"留白"，给学生留有一定的开放、探索的空间，给予学生更多教材的自主管理权，关注学生情感、学习动机与需求，结合学生已有的知识经验与认知发展规律，激发学生的学习兴趣、探究兴趣和职业兴趣，鼓励学生进行探究性自主学习，积极达成学生的"自我实现"，让学生在实训过程中获得更多成就感，从而达到学生专业能力与职业素养的提升。

（4）除安全先行外，其他专业知识、技能均采用先行后知的内容编排，学生学习目的明确，能知道在学什么，为什么学，所学内容在整个产品加工过程中的重要性。有助于学生对加工过程的整体把握和理解。

（5）本书适应结构化、模块化专业课程教学。

（6）本书为校企合作开发教材，突出教、学、做一体化，体现了工学结合。

本书由河北省机电工程技师学院（北方机电工业学校）任士明、张亚力主编，由河北省机电工程技师学院（北方机电工业学校）王乐文、天津安卡尔精密机械科技有限公司韩富平、张家口工程技术学校任涛副主编；河北省机电工程技师学院（北方机电工业学校）刘云霞、郭亮、高利娟参加编写，在此特别感谢帕森斯（张家口）工业技术有限责任公司马健为本书提供了教学案例，参与了编写工作，并提出了很多合理化的教材建设与改革意见。其中任务一、二、五、六、七、十二由任士明、张亚力编写；任务三、四、八由任士明、刘云霞、高利娟编写；任务九、十、十一由王乐文、郭亮、高利娟编写；任务十三由王乐文编写；任务十四由王乐文、任涛、郭亮、马健编写；任务十五、十六由韩富平编写。

全书由河北省机电工程技师学院（北方机电工业学校）董雪峰、张家口职业技术学院崔培雪主审。

由于编者水平有限，书中难免会出现疏漏之处，欢迎广大读者提出宝贵意见。

编　者

目录

任务一 平面的铣削加工 　　　　　　　　　　　　　　　　　　　　001

任务二 台阶的铣削加工 　　　　　　　　　　　　　　　　　　　　010

任务三 直线沟槽的铣削加工 　　　　　　　　　　　　　　　　　　023

任务四 圆弧沟槽的铣削加工 　　　　　　　　　　　　　　　　　　045

任务五 外轮廓铣削加工 　　　　　　　　　　　　　　　　　　　　057

任务六 内轮廓铣削加工 　　　　　　　　　　　　　　　　　　　　074

任务七 通孔的加工 　　　　　　　　　　　　　　　　　　　　　　097

任务八 盲孔和螺纹孔的加工 　　　　　　　　　　　　　　　　　　115

任务九 中级工实操试题1 铣削加工 　　　　　　　　　　　　　　　131

任务十 中级工实操试题2 铣削加工 　　　　　　　　　　　　　　　144

任务十一	配合件铣削加工	166
任务十二	复杂曲面零件铣削加工	178
任务十三	高级工实操试题 1 铣削加工	187
任务十四	高级工实操试题 2 铣削加工	192
任务十五	技能竞赛案例 1 铣削加工	197
任务十六	技能竞赛案例 2 铣削加工	203

参考文献　208

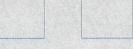 

任务一　平面的铣削加工

 任务目标

【知识目标】

1. 掌握数控铣床 / 加工中心操作准备安全知识。
2. 掌握数控铣床 / 加工中心操作安全知识。
3. 掌握数控铣床 / 加工中心日常维护保养知识。
4. 了解产品技术准备和数控加工过程。

【能力目标】

1. 能按照数控铣床防护规定，穿戴劳保用品。
2. 能对机床进行正确的日常维护保养。
3. 能正确进行机床开机、关机操作。
4. 能正确进行机床回零操作。
5. 能手动正确操作机床主轴旋转、坐标轴移动。
6. 能正确进行程序传输。

【思政与素质目标】

落实党的二十大精神和社会主义核心价值观教育，加强中华优秀传统文化知识教育，促进学生德技并修。

 任务实施

【任务内容】

完成图 1-1 所示板状零件的加工。其材料为 45 钢，毛坯尺寸为 250mm×220mm×41mm，6 个表面均已加工，现需要做上表面的平面加工，确保尺寸和粗糙度要求。

【工艺分析】

1.1　零件图分析

① 零件 6 个表面均已加工，本工序加工内容为零件上表面，确保厚度尺寸达到 40mm，所加工的平面与基准面 A 平行，平行度公差为 0.04mm。

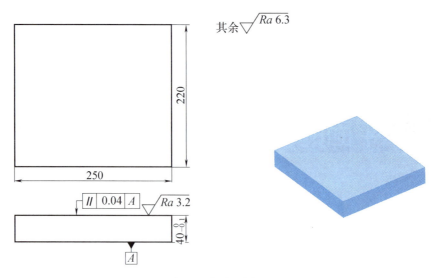

图 1-1　板状零件图

② 该工件的表面粗糙度 Ra 为 3.2μm，加工中安排粗铣加工和精铣加工。

1.2　确定装夹方式和加工方案

① 装夹方式：采用固定在工作台上的两组互相垂直的定位块定位零件，然后在对角处利用压板将其固定在工作台上。

② 加工方案：本着先粗后精的原则，使用端面铣刀 T02，采用分层下刀加工；每层粗铣采用双向铣削的方式，精铣采用单向铣削的方式。

1.3　加工刀具选择

选择使用 ϕ80mm 端面铣刀 T02 粗铣及精铣平面。端面铣刀如图 1-2 所示，刀齿分布在铣刀的端面和圆柱面上，故多用于立式升降台铣床上加工平面，也可用于卧式升降台铣床上加工平面。

图 1-2　端面铣刀

1.4　走刀路线确定

① 建立工件坐标系的原点：设在工件上表面的对称几何中心上。
② 确定起刀点：设在工件上表面对称中心的上方 100mm 处。
③ 确定下刀点：粗铣平面时设在 S 点上方 100mm（X175，Y-90，Z100）处；精铣平面时设在 S 点上方 100mm（X175 Y-90 Z100）处。
④ 确定走刀路线：粗铣平面走刀路线 S—E，精铣平面走刀路线 S—E，如图 1-3 所示。

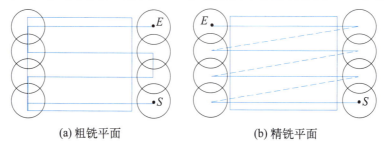

(a) 粗铣平面　　　　　　　　　(b) 精铣平面

图 1-3　走刀路线示意图

【编写技术文件】

1.5 工序卡（见表1-1）

表1-1 本任务工件的工序卡

材料	45钢	产品名称或代号		零件名称		零件图号	
		N0010		平面		XKA001	
工序号	程序编号	夹具名称		使用设备		车间	
0001	O0010	压板装夹		VMC850-E		数控车间	
工步号	工步内容	刀具号	刀具规格 ϕ/mm	主轴转速 n/(r/min)	进给量 f/(mm/min)	背吃刀量 a_p/mm	备注
1	粗铣平面	T02	ϕ80mm 端面铣刀	360	400	0.6	自动 O0008
2	精铣平面	T02	ϕ80mm 端面铣刀	500	300	0.4	
编制		批准		日期		共1页	第1页

1.6 刀具卡（见表1-2）

表1-2 本任务工件的刀具卡

产品名称或代号		N0010	零件名称	平面		零件图号		XKA001
刀具号	刀具名称	刀具规格 ϕ/mm	加工表面	刀具半径补偿号 D	补偿值 /mm	刀具长度补偿 H	补偿值 /mm	备注
T02	端面铣刀	80	铣平面	D02		H02	0	
编制		批准		日期			共1页	第1页

1.7 编写参考程序

① 计算节点坐标（见表1-3）。

表1-3 节点坐标

节点	X坐标值	Y坐标值	节点	X坐标值	Y坐标值
1	175	−90	9	175	−90
2	−125	−90	10	−175	−90
3	−125	−30	11	175	−30
4	125	−30	12	−175	−30
5	125	30	13	175	30
6	−125	30	14	−175	30
7	−125	90	15	175	90
8	175	90	16	−175	90

② 编制加工程序（见表1-4）。

表1-4 本任务工件的参考程序

程序号：O0010		
程序段号	程序内容	说明
N10	G21 G54 G90 G94;	公制，选择G54工件坐标系，F单位为mm/min
N20	G00 Z100.0;	将刀具快速定位到初始平面
N30	M03 S360;	启动主轴

续表

程序段号	程序内容	说明
N40	X175.0 Y-90.0;	快速定位到下刀点
N50	Z10.0;	快速定位到 R 平面
N60	G01 Z0.4 F100;	开始粗加工，留 0.4mm 余量
N70	X-125.0 F400;	-X 向铣削，第一行切削
N80	Y-30.0;	+Y 向进刀
N90	X125.0;	+X 向铣削，第二行切削
N100	Y30.0;	+Y 向进刀
N110	X-125.0;	-X 向铣削，第三行切削
N120	Y90.0;	+Y 向进刀
N130	X175.0;	+X 向铣削，第四行切削
N140	G00 Z10.0;	抬刀
N150	S500;	主轴转速升为 500r/min
N160	X175.0 Y-90.0;	X、Y 快速定位
N170	G01 Z0 F100;	开始精加工，去除余量
N180	X-175.0 F300;	-X 向铣削，第一行切削
N190	G00 Z10.0;	抬刀
N200	X175.0 Y-30.0;	定位到第二行的切削起点
N210	Z0;	下刀
N220	G01 X-175.0;	-X 向铣削，第二行切削
N230	G00 Z10.0;	抬刀
N240	X175.0 Y30.0;	定位到第三行的切削起点
N250	Z0;	下刀
N260	G01 X-175.0;	-X 向铣削，第三行切削
N270	G00 Z10.0;	抬刀
N280	X175.0 Y90.0;	定位到第四行的切削起点
N290	Z0;	下刀
N300	G01 X-175.0;	-X 向铣削，第四行切削
N310	G00 Z100.0;	抬刀
N320	M05	主轴停止
N330	M30	程序结束

【零件加工】

1.8 数控铣床/加工中心安全文明生产

（1）数控铣床/加工中心操作准备安全知识

① 进入实训室实习必须按要求穿工作服，戴工作帽（图 1-4）。禁止戴手套操作机床。

② 所有实训步骤须在实训教师指导下进行，未经指导教师同意，不许开动机床。机床开动时，严禁在机床周围嬉戏、打闹。

③ 安装夹紧零件，保证零件牢牢固定在夹具（图 1-5）或工作台上。启动机床前应检查是否已将扳手、附具等安装工具从机床上拿开。

④ 数控机床的开机、关机顺序一定要严格按照机床说明书规定操作。

⑤ 严格按照实训指导书推荐的刀具及切削用量，选择正确的刀具、合适的加工速度。

⑥ 主轴启动开始之前一定要关好防护罩门，如图 1-6 所示，程序正常运行中严禁开启防护罩门，如图 1-7 所示。

任务一　平面的铣削加工

图 1-4　实训操作着装要求

图 1-5　机用平口钳

图 1-6　关好防护罩门

图 1-7　机床运行中禁止开防护罩门

（2）数控铣床/加工中心操作安全知识

① 立铣刀（图1-8）的伸出长度要适中，不能伸出过长。更换立铣刀时，不能用手直接碰触刀刃部分，防止划伤手指。

② 机床运转中，需要时刻观察机床的加工情况，防止因程序参数设置不当造成事故。机器操作或运转中，禁止靠近加工区域，禁止用手移动切屑、触摸刀具，如图1-9所示。

③ 加工过程中出现异常情况，可按下"急停"按钮，如图1-10所示，确保人身和设备的安全。

图 1-8　立铣刀

图 1-9　观察机床加工情况

图 1-10　急停按钮

④ 不得随意更改数控系统内部设定的参数，机床运行状态下禁止打开电器柜，如图1-11所示。

（3）数控铣床/加工中心日常维护和保养

① 操作者在每班加工结束后，应清扫干净散落于工作台、导轨等处的切屑、油垢；

② 检查确认各润滑油箱的油量是否符合要求。各手动加油点应按规定加油；

③ 注意观察机器导轨与丝杠表面有无润滑油，使之保持润滑良好；

④ 检查确认液压夹具运转情况，主轴运转情况；

⑤ 工作中随时观察积屑情况，切削液系统工

图 1-11　电器柜门

作是否正常，如积屑严重应停机清理；

⑥ 如果离开机器时间较长要关闭电源，以防非专业者操作。

1.9　数控铣床/加工中心开机

① 检查机床状态是否正常。

② 将位于数控铣床/加工中心后面的电控柜主电源开关打到"ON"状态，应能听到电控柜风扇和主轴电机风扇开始工作的声音。

③ 按下操作面板上的系统电源绿色按钮接通数控系统电源，出现数控系统自检画面，几秒后出现坐标位置画面。

④ 顺时针方向旋转"急停"按钮，解除急停状态。

⑤ 绿灯亮后，数控铣床/加工中心进入准备状态。

1.10　机床回参考点及其他手动操作

（1）手动返回参考点

对于采用增量式脉冲编码器的数控机床，机床断电后即失去参考点的位置，需采用返回参考点的操作；机床解除急停状态和超程报警时也需要重新进行返回参考点的操作。具体步骤为：

① 点击操作面板上的"回参考点模式" ，若指示灯变亮 ，则已进入回参考点模式。

② 先将 Z 轴回参考点，点击操作面板上的 Z 正方向键，此时 Z 轴回参考点完成，CRT 上的 Z 坐标变为"0.000"。

③ 同理，再分别点击 X 轴正方向键、Y 轴正方向键，分别完成 X 轴、Y 轴回参考点。回参考点后，CRT 界面显示 Y、Z 坐标均为"0.000"。

> **注意**　返回参考点时，一般按照先回 Z 轴后回 X、Y 轴的顺序，以免发生碰撞。

（2）手动方式进给

手动方式控制进给三坐标的运动分为移动和快速移动，具体步骤为：

① 点击操作面板上的手动模式按钮 ，指示灯变亮，系统进入手动操作方式。

② 适当点击 X、Y、Z 及 +、- 键，可控制机床各坐标轴的移动方向和移动距离，实现移动。

③ 当机床的进给滑板的移动距离较大时，需进行快速移动，需先按下快速按钮 [快速]，最后分别点击 X、Y、Z 及 +、- 键，可控制机床各坐标轴的移动方向和移动距离，实现快速移动。可以利用进给速度倍率开关旋钮 ，修调快速进给速度。

> **注意**　使用刀具手动切削零件时，主轴需转动。

（3）手动脉冲发生器（手轮）方式进给

精确调节进给位置时，可用手动脉冲发生器方式调节机床进给。实际生产中，利用手轮可以使操作者更易于控制和观察机床各坐标轴的移动。具体操作步骤为：

① 点击操作面板上的手轮模式键 ，指示灯变亮，系统进入手轮模式状态即手动脉冲模式。

② 通过选择坐标轴旋钮，进行坐标轴选择。

③ 调节手轮步长按钮（选择合适的手轮倍率即脉冲当量的倍数），转动手动脉冲发生器上的手柄 ，则坐标轴按照预先选定的方向和速度移动（顺时针为正向，逆时针为负向，面板

上有 + 、 – 号表示）。

（4）主轴启停

在手动或手动脉冲发生器（手轮）方式下，分别点击 ▣、▣、▣ 键，实现主轴的正、反转和主轴的停止。

（5）急停和超程

在加工过程中，由于用户编程、操作及产品故障等原因，可能会出现一些意想不到的故障和事故。为安全起见，要立即停止机床运行时，可以按"紧急停止"按钮来实现。

① 按下"急停"按钮。

> **注意**
> a. 解除急停前，先确认故障原因是否排除。
> b. 在通电和关机之前，应按下"急停"按钮，以减少设备所受的电冲击。
> c. 如果条件允许，急停解除后应重新执行回参考点操作，以确保坐标位置的正确性。

② 按下复位键。机床在自动运行过程中，按下此键则全部操作均停止，因此可以用此键完成急停操作。

③ 按下"循环保持"按钮。机床在自动运行状态下，按下"循环保持"按钮，则滑板停止运动，但机床的其他功能仍有效。当需要恢复机床运行时，按下"循环启动"按钮，机床从当前位置开始继续执行下面的程序。

④ 超程。当机床因操作不当或机器故障而试图移到由机床限位开关设定的行程终点之外时，由于碰到限位开关，机床减速并停止，而且显示超程报警"OVER TRAVEL"。

> **说明**
> a. 在自动运行期间，当数控机床沿一个轴运动碰到限位开关时，刀具沿所有轴都要减速和停止，并显示超程报警。
> b. 在手动操作时，仅仅是刀具碰到限位开关的那个轴减速并停止，刀具仍沿其他轴移动。
> c. 在用手动操作使刀具朝安全方向移动之后，按复位键即可解除报警。也可以按下超程解除按钮不松开，同时将坐标轴向反方向移动，从而解除超程报警。

1.11 程序传输

（1）程序创建

数控铣床/加工中心可直接用 FANUC 0i 系统的 MDI 键盘输入来完成程序的创建。点击操作面板上的编辑键，编辑状态指示灯变亮，此时已进入编辑状态。点击 MDI 键盘上的 ▣，CRT 界面转入编辑页面。利用 MDI 键盘输入"Ox"（x 为程序号，但不能与已有程序号重复），按 ▣ 键，CRT 界面上将显示一个空程序，可以通过 MDI 键盘开始程序输入。输入一段代码后，按 ▣ 键则数据输入区域中的内容将显示在 CRT 界面上，用回车换行键 ▣ 结束一行的输入后换行。

（2）程序检索

数控程序导入系统后，点击 MDI 键盘上的 ▣，CRT 界面转入编辑页面。利用 MDI 键盘输入"Ox"（x 为数控程序目录中显示的程序号），按软键 [O 检索] 开始搜索，搜索到"Ox"后显示在屏幕首行程序号位置，NC 程序将显示在屏幕上。

（3）程序删除

① 删除一个程序。进入编辑状态，利用 MDI 键盘输入"Ox"（x 为要删除的数控程序在目录中显示的程序号），按 ▣ 键，程序即被删除。

② 删除全部程序。进入编辑状态。点击 MDI 键盘上的 ▣，CRT 界面转入编辑页面。利用

MDI 键盘输入"O-9999",按 ■ 键,全部数控程序即被删除。

（4）程序编辑

点击操作面板上的编辑键,编辑状态指示灯变亮,此时已进入编辑状态。点击 MDI 键盘上的 ■,CRT 界面转入编辑页面。选定了一个程序后,该程序显示在 CRT 界面上,可对程序进行编辑操作。

① 移动光标。按 ■ 和 ■ 用于翻页,按方位键 ↑ ↓ ← → 移动光标。

② 插入字符。先将光标移到所需位置,点击 MDI 键盘上的字母/数字键,将代码输入到输入区域中,按 ■ 键,把输入区域的内容插入到光标所在代码后面。

③ 删除输入区域中的数据。按 ■ 键,删除输入区域中的数据。

④ 删除字符。先将光标移到所需删除字符的位置,按 ■ 键,删除光标所在的代码。

⑤ 检索程序中的字。输入需要搜索的字母或代码,按 ↓ 开始在当前程序中光标所在位置后搜索。(代码可以是一个字母或一个完整的代码。例如："N0010""M"等。)如果此程序中有所搜索的代码,则光标停留在找到的代码处;如果此程序中光标所在位置后没有所搜索的代码,则光标停留在原处。

⑥ 替换。先将光标移到所需替换字符的位置,将替换成的字符通过 MDI 键盘输入到输入区域中,按 ■ 键,把输入区域的内容替代光标所在处的代码。

（5）图形模拟

图形模拟功能可以显示自动运行或手动运行期间刀具的移动轨迹,通过观察屏幕显示的轨迹可以检查加工过程。点击操作面板上的 ■ 键,指示灯变亮,系统进入自动运行状态。点击 MDI 键盘上的 ■ 键,点击数字/字母键,输入"Ox"(x 为所需要检查运行轨迹的数控程序号),按 ↓ 开始搜索,找到后,程序显示在 CRT 界面上。点击 ■ 按钮,进入检查运行轨迹模式。点击操作面板上的"循环启动"按钮,即可观察数控程序的运行轨迹。此时也可通过"视图"菜单中的动态旋转、动态放缩、动态平移等方式对三维运行轨迹进行全方位的动态观察。

注：不需要进行以下操作,由实习指导教师演示完成或引导学生通过探究下一个任务的知识、技能来完成本任务。

① 工件装夹找正
② 刀具装卸
③ 工件坐标系的建立（对刀）
④ 程序校验
⑤ 自动加工
⑥ 质量检验

1.12 数控铣床/加工中心关机

① 检查操作面板上的 LED 指示循环启动在停止状态。
② 检查机床的所有可移动部件均处于停止状态。
③ 外部输入、输出设备均已断开。
④ 按下"急停"按钮。
⑤ 按下系统电源红色按钮,关闭数控系统电源。
⑥ 将位于数控铣床/加工中心后面的电控柜主电源开关打到"OFF"状态,关闭数控机床主电源。

 拓展训练

1.学生分组上机进行下面两段数控程序的手动录入与编辑,并进行图形模拟。

程序 1

1. % O0030 G90 G17 G40 G80； G54 G00 Z100 M03 S400； 　　X-60 Y-120； 　　Z10； G01 Z-5 F150 M08； G41 G01 X-40 Y-90 D01； 　　Y30 F120； G02 X-30 Y-40 R10； 　　…… G02 X-40 Y-30 R10； G01 Y-20；	G03 X-60 Y0 R20； G00 Z100 M09； G40 X-60 Y-120； G00 Z10 G01 Z-5 F150 M08； 　　Y60 F120； 　　X60； 　　Y-60； 　　X-80； G00 Z100 M09； M30； %

程序 2

2. % O0031 G90 G17 G40 G80； G54 G00 G43 Z100 H01 M03 S500； 　　X-60 Y-70； 　　Z10； G01 Z-5 F150 M08； G41 G01 X-35 Y-60 D01； 　　Y0 F120； G02 X-22.7464 Y14.7464 R15； 　　…… G02 X-35 Y0 R15； G01 Y20；	G00 Z100 M09； G40 X-45 Y-70； 　Z10； G01 Z-5 F150； 　　Y0 F100； G02 I45 J0； 　　Y20； G49； G00 Z100 M09； M30； %

2. 在数控铣床/加工中心机床和仿真软件上反复练习机床回参考点及其他手动操作，明确各按钮（键）的意义和作用。

任务二　台阶的铣削加工

 任务目标

【知识目标】

1. 理解机床操作面板按键功能。
2. 了解机用平口钳的夹紧方式。
3. 理解平口钳在铣削加工中的应用。
4. 了解产品技术准备和数控加工过程。

【能力目标】

1. 能正确安装平口钳。
2. 能在平口钳上正确安装工件。
3. 能正确装卸刀具。
4. 能独立完成试切对刀。
5. 能进行程序传输与校验。
6. 能自动运行程序。

【思政与素质目标】

培养认真细致的工作态度，培养吃苦耐劳、团结协作的工匠精神。

 任务实施

【任务内容】

应用数控铣床完成如图 2-1 所示某阶台平面的铣削，工件材料为 45 钢。生产规模：单件。

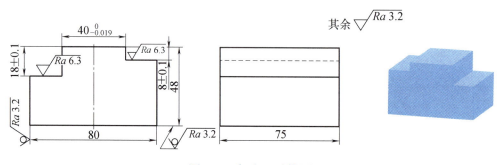

图 2-1　台阶面零件图

任务二　台阶的铣削加工

【工艺分析】

2.1　零件图分析

① 图 2-1 所示零件的加工部位为台阶表面及侧面，该零件可用普通铣床或数控铣床等机床加工。铣台阶面是在上一道铣平面基础上进行的后续加工，在此选用数控铣床加工该零件，三个有公差要求的尺寸为重点保证尺寸。

② 加工表面要求的表面粗糙度为 $Ra3.2$、$Ra6.3$，加工中安排粗铣加工和精铣加工。

2.2　确定装夹方式和加工方案

① 装夹方式：采用机用平口钳装夹，底部用等高垫块垫起，使加工平面高于钳口 15mm。
② 加工方案：采用不对称顺铣方式铣削工件的台阶面。

2.3　加工刀具选择

选择使用 $\phi25$mm 立铣刀 T01 及 $\phi25$mm 立铣刀 T02 粗铣及精铣台阶平面。

2.4　走刀路线确定

① 建立工件坐标系的原点：设在工件上表面中心 O 处。
② 确定起刀点：设在工作坐标系原点的上方 100mm 处。
③ 确定下刀点：加工深 8mm 的台阶平面时，下刀点设在（X-60 Y45 Z100）处，加工深 18mm 的台阶平面下刀点设在（X60 Y-60 Z1）处。
④ 确定走刀路线：从零件图可以看出，两台阶面虽然宽度相等，但一侧台阶深 18mm，一侧台阶深 8mm，深度相差较大，因此深 8mm 的台阶面采用一次粗铣，深 18mm 的台阶面采用在深度方向分层粗铣，两台阶底面、侧面各留 0.5mm 余量进行精加工，如图 2-2 所示。

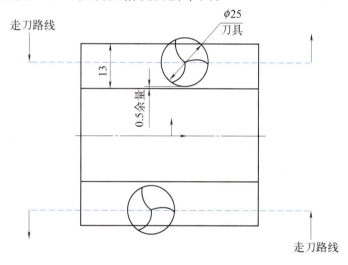

图 2-2　台阶面铣削刀路示意图

【编写技术文件】

2.5　工序卡（见表 2-1）

表 2-1　本任务工件的工序卡

材料	45 钢	产品名称或代号		零件名称		零件图号	
		N0020		台阶面		XKA002	
工序号	程序编号	夹具名称		使用设备		车间	
0001	O0020	平口钳装夹		VMC850-E		数控车间	
工步号	工步内容	刀具号	刀具规格 ϕ/mm	主轴转速 n/(r/min)	进给量 f/(mm/min)	背吃刀量 a_p/mm	备注
1	粗铣台阶	T01	$\phi25$mm 立铣刀	250	100	7.5	自动 O0020
2	精铣台阶	T02	$\phi25$mm 立铣刀	250	100	0.5	
编制		批准		日期		共 1 页	第 1 页

2.6 刀具卡（见表 2-2）

表 2-2 本任务工件的刀具卡

产品名称或代号		N0020	零件名称	平面		零件图号		XKA002
刀具号	刀具名称	刀具规格 ϕ/mm	加工表面	刀具半径补偿号 D	补偿值 /mm	刀具长度补偿 H	补偿值 /mm	备注
T01	立铣刀	25	粗铣台阶	D01	10.5	H01	0	
T02	立铣刀	25	精铣台阶	D02	10	H02	0	
编制		批准		日期			共 1 页	第 1 页

2.7 编写参考程序

① 粗加工深 8mm 的台阶平面的 NC 程序见表 2-3。

表 2-3 粗加工深 8mm 的台阶平面的 NC 程序

程序号：O0021		
程序段号	程序内容	说明
N10	G54 G90 G40 G17 G64 G21；	程序初始化
N20	M03 S250；	主轴正转，250r/min
N30	M08；	开冷却液
N40	G00 Z100；	Z 轴快速定位
N50	X-60 Y45；	X、Y 快速定位
N60	Z5；	快速下刀
N70	G01 Z-7.5 F100；	Z 轴定位到加工深度 Z-7.5（留 0.5 余量）
N80	Y33；	Y 方向进刀（留 0.5 余量）
N90	X60；	X 方向进给
N100	Y45；	Y 方向退刀
N110	G00 Z100 M09；	快速提刀至安全高度，关冷却液
N120	M30；	程序结束

② 粗加工深 18mm 的台阶平面的 NC 程序见表 2-4。

表 2-4 粗加工深 18mm 的台阶平面的 NC 程序

程序号：O0022		
程序段号	程序内容	说明
N10	G54 G90 G40 G17 G64 G21；	程序初始化
N20	M03 S250；	主轴正转，250r/min
N30	M08；	开冷却液
N40	G00 Z100；	Z 轴快速定位
N50	X60 Y-60；	X、Y 快速定位
N60	Z5；	快速下刀
N70	G01 Z0.5 F100；	Z 轴定位到 Z0.5（留 0.5 余量）
N80	M98 P30010；	重复调用子程序 3 次
N90	G00 Z100 M09；	快速提刀至安全高度，关冷却液
N100	M30；	程序结束
段号	O0010	子程序名

续表

程序段号	程序内容	说明
N10	G91 G01 Z-6;	增量Z轴下刀一个加工深度-6
N20	X60 Y-33;	绝对Y方向进刀（留0.5余量）
N30	X-60;	X方向进给
N40	Y-60;	Y方向退刀
N50	X60 Y-60;	XY快速定位
	M99	子程序结束

③ 精铣深8mm台阶平面及侧面的NC程序见表2-5。

表2-5 精铣深8mm台阶平面及侧面的NC程序

程序号：O0023

程序段号	程序内容	说明
N10	G55 G90 G40 G17 G64 G21;	程序初始化
N20	M03 S250;	主轴正转，250r/min
N30	M08;	开冷却液
N40	G00 Z100;	Z轴快速定位
N50	X-60 Y45;	X、Y快速定位
N60	Z5;	快速下刀
N70	G01 Z-8 F100;	Z轴定位到加工深度Z-8
N80	Y32.5;	Y方向进刀
N90	X60;	X方向进给
N100	Y45;	Y方向退刀
N110	G00 Z100 M09;	快速提刀至安全高度，关冷却液
N120	M30;	程序结束

④ 精铣深18mm台阶平面及侧面的NC程序见表2-6。

表2-6 精铣18mm台阶平面及侧面的NC程序

程序号：O0024

程序段号	程序内容	说明
N10	G55 G90 G40 G17 G64 G21;	程序初始化
N20	M03 S250;	主轴正转，250r/min
N30	M08;	开冷却液
N40	G00 Z100;	Z轴快速定位
N50	X60 Y-45;	X、Y快速定位
N60	Z5;	快速下刀
N70	G01 Z-18 F100;	Z轴定位到加工深度Z-18
N80	Y-32.5;	Y方向进刀
N90	X-60;	X方向进给
N100	Y45;	Y方向退刀
N110	G00 Z100 M09;	快速提刀至安全高度，关冷却液
N120	M30;	程序结束

【零件加工】

2.8 数控铣床/加工中心安全文明生产

同任务一。

2.9 数控铣床/加工中心开机。

同任务一。

2.10 机床回参考点

图 2-3 为 FANUC 0i-M 标准操作面板，主要用于控制机床的运动和选择机床运行状态，由模式选择按钮、数控程序运行控制开关等多个部分组成，每一部分的详细说明如下。

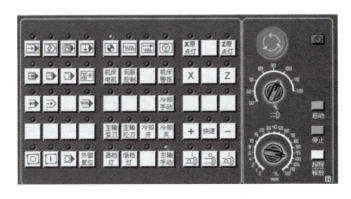

图 2-3　FANUC 0i-M 标准操作面板

　　AUTO（MEM）键（自动模式键）。进入自动加工模式。
　　EDIT 键（编辑键）。用于直接通过操作面板输入数控程序和编辑程序。
　　MDI 键（手动数据输入键）。用于手动输入并执行指令。
　　文件传输键。通过 RS-232 接口把数控系统与电脑相连并传输文件。
　　REF 键（回参考点键）。通过手动回机床参考点。
　　JOG 键（手动模式键）。通过手动连续移动各轴。
　　INC 键（增量进给键）。手动脉冲方式进给。
　　HNDL 键（手轮进给键）。按此键切换成手摇轮移动各坐标轴。
　　SINGL 键（单段执行键）。自动加工模式和 MDI 模式中，单段运行。
　　程序段跳键。在自动模式下按下此键，跳过程序段开头带有"/"的程序。
　　程序停键。自动模式下，遇有 M00 指令程序停止。
　　程序重启键。由于刀具破损等原因自动停止后，程序可以从指定的程序段重新启动。
　　程序锁开关键。按下此键，机床各轴被锁住。
　　空运行键。按下此键，各轴以固定的速度运动。
　　机床主轴手动控制开关。手动模式下按此键主轴正转。
　　机床主轴手动控制开关。手动模式下按此键主轴停。
　　机床主轴手动控制开关。手动模式下按此键主轴反转。
　　循环启动键。模式选择旋钮在"AUTO"和"MDI"位置时按下此键启动自动加工程序，其余时间按下无效。
　　循环停止键。数控程序运行中按下此键停止程序运行。

坐标轴正方向手动进给。

快速进给键。

坐标轴负方向手动进给。

X 轴。

Y 轴。

Z 轴。

进给速度（F）调节旋钮。调节进给速度，调节范围为 0 ～ 120%。

主轴速度调节旋钮。调节主轴速度，调节范围为 50% ～ 120%。

紧急停止按钮。按下此旋钮，可使机床和数控系统紧急停止，旋转可释放。

2.11 程序传输

图 2-4 所示为 FANUC 0i-MB 数控操作面板。

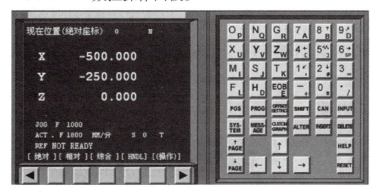

图 2-4　FANUC 0i-MB 数控操作面板

操作面板上各键的符号及用途如下。

（1）**数字 / 字母键**

数字 / 字母键用于输入数据到输入区域，系统自动判别取字母还是取数字。字母和数字键通过 SHIFT 上挡键切换输入，例如，O/P、7/A。

（2）**编辑键**

替换键。用输入的数据替换光标所在的数据。

删除键。删除光标所在位置的数据，或者删除一个程序或者删除全部程序。

插入键。把输入区域之中的数据插入到当前光标之后的位置。

取消键。消除输入区域内的数据。

回车换行键。将输入区域中的光标移至下一行首。

（3）**页面切换键**

程序显示与编辑页面。

位置显示页面。位置显示有三种方式，用 PAGE 键选择。

参数输入页面。按第一次进入坐标系设置页面，按第二次进入刀具补偿参数页面。进入不同的页面以后，用 PAGE 键切换。

系统参数页面。

信息页面，如"报警"信息。

图形参数设置页面。

系统帮助页面。

（4）**翻页键**

向上翻页。

![PAGE] 向下翻页。

（5）光标移动键

![↑] 向上移动光标。
![←] 向左移动光标。
![↓] 向下移动光标。
![→] 向右移动光标。

（6）输入键

![INPUT] 输入键。把输入区域内的数据输入参数页面。
![RESET] 复位键。

2.12 工件装夹找正

零件外形为长方体，采用机用虎钳装夹，用百分表校正虎钳。铅垂面定位基准为零件的下表面，另一定位基准为零件与机用虎钳固定钳口相接触的侧面。编程原点为上表面的中心。

机用虎钳（俗称虎钳）又称平口钳，具有较大的通用性和经济性，适用于尺寸较小的方形工件的装夹。数控铣削加工常用平口钳如图2-5所示，常采用机械螺旋式、气动式或液压式夹紧方式。

(a) 机械螺旋式平口钳

(b) 气动式精密平口钳

(c) 液压式精密平口钳

图 2-5　数控铣削加工常用平口钳

机械螺旋式平口钳有回转式和非回转式两种。当需要将装夹的工件回转一定角度时，利用回转式平口钳可按回转底盘上的刻度线和钳体上的零位刻线直接读出所需的角度值。非回转式平口钳没有下部的回转盘。回转式平口钳在使用时虽然方便，但由于多了一层结构，其高度增加，刚性较差。所以在铣削平面、垂直面和平行面时，一般都采用非回转式平口钳。

（1）机用平口钳的安装

机用平口钳的安装步骤如下：

① 清洁机床工作台面和机用平口钳底面，检查平口钳底部的定位键是否紧固，定位键的定位面是否同一方向安装。

② 将机用平口钳安装在工作台中间的T形槽内，钳口位置居中，并且用手拉动平口钳底盘，使定位键与T形槽直槽一侧贴合。

③ 用T形螺栓将机用平口钳压紧在铣床或加工中心的工作台面上。

（2）机用平口钳的校正

当机用平口钳安装到机床上后，还需要进行校正，以保证钳口与机床工作台的纵横向进给的移动方向平行，保证铣削的加工精度。

校正的具体步骤为：

① 松开机用平口钳上体与转盘底座的紧固螺母，将机用平口钳水平回转90º，并稍稍带紧紧固螺母。

② 将百分表座固定在机床主轴上，或者将磁性表座吸附在机床立柱的外壳上。

③ 将百分表测头接触机用平口钳固定钳口。

④ 手动沿 X（或 Z）方向往复移动工作台，观察百分表指针，校正钳口对 X（或 Z）轴方向的平行度，百分表指针变化范围不要超过 0.02mm。
⑤ 拧紧紧固螺母。
⑥ 将百分表座从机床主轴上卸下。

（3）工件在平口钳上的装夹

在把工件毛坯装到平口钳内时，必须注意毛坯表面的状况，若是粗糙不平或有硬皮的表面，则必须在两钳口上垫紫铜皮。对粗糙度值较小的平面在夹到钳口内时需要垫薄的铜皮。为便于加工，还要选择适当厚度的垫铁，垫在工件下面，使工件的加工面高出钳口。高出的尺寸以能把加工余量全部切完而不致切到钳口为宜。具体步骤如下：
① 清洁平行垫铁。
② 清洁机用平口钳的钳口部位。
③ 将垫铁放置在平口钳钳口内适当位置。
④ 清洁工件，去除装夹部位的毛刺。
⑤ 将工件装夹在平口钳上，并稍加紧固。
⑥ 用木榔头敲击工件上表面，边夹边敲，直至垫铁抽不出来。

2.13 刀具装卸

（1）装刀
① 选择手轮方式或手动方式。
② 将刀具放入主轴锥孔内。
③ 按下操作面板上的主轴紧刀按钮。
④ 用力下拉确定夹紧。

（2）卸刀
① 选择手轮方式或手动方式。
② 手紧握住刀柄。
③ 按下操作面板上的主轴松刀按钮。
④ 卸下刀具，防止刀具因重力掉落。

2.14 工件坐标系的建立（对刀）

数控铣床/加工中心通过刀具或对刀仪器确定工件坐标系与机床坐标系之间的空间位置关系，并将对刀的数据存入数控系统内相应位置。对刀的精确程度将直接影响加工精度，因此对刀操作一定要仔细，对刀方法一定要与零件加工精度要求相适应。当零件加工精度要求较高时，可以采用光学或电子装置等新方法进行对刀以减少工时并提高精度。

（1）XY方向上的对刀
① 试切法对刀。若对刀精度要求不高（如粗加工毛坯上的对刀），为方便操作，可以采用加工时所使用的刀具直接进行碰刀（或试切）对刀。具体步骤为：
  a. 在手动或手轮模式下，将所用铣刀装到主轴上并使主轴中速旋转。
  b. 移动铣刀沿 X 或 Y 方向靠近被测边，直到铣刀周刃轻微接触到工件表面听到刀刃与工件的摩擦声（但没有切屑或仅有极少量的切屑）。
  c. 保持 X、Y 坐标不变，将铣刀沿 Z 向退离工件。
  d. 将机床相对坐标 X 置零，并向工件方向沿 X 向移动刀具半径的距离。
  e. 将此时机床坐标系下的 X 值输入系统偏置寄存器中，该值就是被测边的 X 坐标。
  改变方向重复以上操作，可得被测边的 Y 坐标。这种方法比较简单，但会在工件表面留下痕迹，且对刀精度不够高。为避免损伤工件表面，可在刀具和工件之间加入塞尺进行对刀，这时应将塞尺的厚度减去。

② 寻边器对刀。寻边器主要用于确定工件坐标系原点在机床坐标系中的 X、Y 的零点偏置值，也可用作测量工件的简单尺寸，是高精度的测量工具，能快速且方便地设定机械主轴与加工件基准面的精确中心位置。常用寻边器分为离心式和光电式两种，如图 2-6 所示。当零件的几何形状为矩形或回转体，可采用离心式寻边器来进行程序原点的找正。

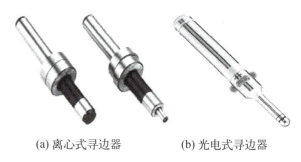

(a) 离心式寻边器　　(b) 光电式寻边器

图 2-6　常用寻边器

③ 基准边对刀。如图 2-7 所示，长方体工件左下角为基准角，左边为 X 方向的基准边，下边为 Y 方向的基准边。通过正确寻边，寻边器与基准边刚好接触（误差不超过机床的最小手动进给单位，一般为 0.01，精密机床可达 0.001）。在左边寻边，在机床控制台显示屏上读出机床坐标值 X1（即寻边器中心的机床坐标）。工件坐标原点的机床坐标值为：$X=X1+a/2=X0+R+a/2$（$a/2$ 为工件坐标原点离基准边的距离）。

在下侧边寻边，在机床控制台显示屏上读出机床坐标值 Y1（即寻边器中心的机床坐标）。工件坐标原点的机床坐标值为：$Y=Y1+b/2=Y0+R+b/2$（$b/2$ 为工件坐标原点离基准边的距离）。

④ 双边分中对刀。双边分中对刀方法适用于工件在长宽两方向的对边都经过精加工（如平面磨削），并且工件坐标原点（编程原点）在工件正中间的情况，如图 2-8 所示。具体步骤为：

a. 在 MDI 模式下输入以下程序：S600 M03。

b. 运行该程序，使寻边器旋转起来，转数为 600r/min（注：寻边器转数一般为 600～660r/min）。

c. 进入手动模式，把屏幕切换到机械坐标显示状态。

d. 找 X 轴坐标。找正时注意主轴转速为 600～660r/min；寻边器接触工件时机床的手动进给倍率应由快到慢；此寻边器不能找正 Z 坐标原点。

e. 记录 X1 和 X2 的机械位置坐标，并求出 $X=(X1+X2)/2$，输入相应的工作偏置坐标系。

f. 找 Y 轴坐标。方法与 X 轴找正方法相同。

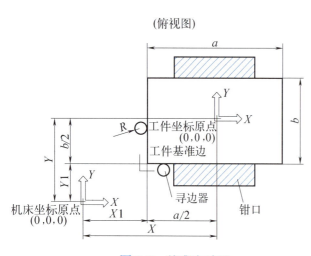

图 2-7　基准边对刀

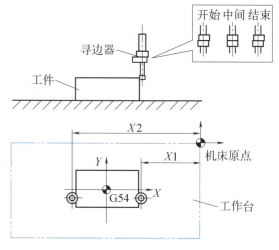

图 2-8　双边分中对刀

（2）Z 向对刀

Z 向对刀的数据与刀具在刀柄上的装夹长度以及工件坐标系中 Z 向零点的位置有关，用来确定工件坐标系 Z 向零点在机床坐标系中 Z 轴的坐标。可以采用刀具直接碰刀对刀或利用 Z 向设定器进行精确对刀，常用Z向设定器有指针式和光电式两种，Z向设定器带有磁性表座可吸附于工件或夹具上，其高度一般为（50.00±0.005）mm，如图2-9所示。

① 刀具直接碰刀对刀。对于Z轴的找正，可采用对刀块来进行刀具Z坐标值的测量，如图2-10所示。具体步骤为：

a. 进入手动模式，把屏幕切换到机械坐标显示状态。

b. 在工件上放置一个50mm或100mm对刀块，然后使用对刀块去与刀具端面或刀尖进行试塞。通过主轴Z向的反复调整，使得对刀块与刀具端面或刀尖接触，即Z方向程序原点找正完毕。

(a) 指针式Z向设定器　　(b) 光电式Z向设定器

图2-9　常用Z向设定器

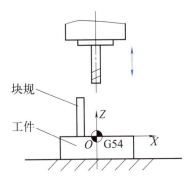

图2-10　刀具直接碰刀对刀

注意：主轴Z向移动时，应避免对刀块在刀具的正下方，以免刀具与对刀块发生碰撞。

c. 记录机械坐标系中的Z坐标值，把该值输入相应的工作偏置中的Z坐标，如G54中的Z坐标值。

② Z向设定器对刀。Z向设定器对刀，确定长度补偿值。长度补偿的方法通常有两种：一种是绝对刀长法，另一种是相对刀长法。

a. 采用绝对刀长法的具体步骤为：

（a）将Z向设定器放置在工件上，如图2-11所示，并进行校正（以研磨过的圆棒压平Z向设定器的顶部研磨面，调整Z向设定器的表盘，使指针对准零，完成Z向设定器的校正，如图2-12所示）。

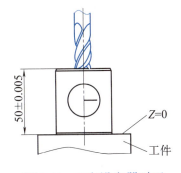

图2-11　Z向设定器对刀

图2-12　Z向设定器校正

（b）将第一把刀具T01装入主轴。

（c）快速移动主轴，让刀具端面靠近Z向设定器的上表面。

（d）改用微调操作，让刀具端面慢慢接触到Z向设定器的上表面，使其指针指向零刻度（光电式设定器会发光）。

（e）记下此时的机械坐标系的Z值，如Z_1。

（f）Z向设定器高度为50mm，所以T01号刀具的长度补偿值为$H01=(Z_1-50)$mm。

（g）依次换上各把刀具，重复上面步骤（c）~（f），找出各自的长度补偿值$H02 \sim H\#\#$。

（h）将工件坐标系G54中的Z值设为"0"，并输入各自的长度补偿值到数控系统中，即完成各刀具Z轴对刀。

b. 采用相对刀长法的具体步骤为：

（a）将Z向设定器放置在工件上，并进行校正。

（b）将第一把刀具T01装入主轴，作为标准刀具。

（c）快速移动主轴，让刀具端面靠近Z轴设定器的上表面。

（d）改用微调操作，让刀具端面慢慢接触到Z向设定器的上表面，使其指针指向零刻度（光电式的设定器会发光）。

（e）记下此时的机械坐标系的Z值Z_0。

（f）将工件坐标系G54中的Z值设为Z_1（计算方法为$Z_1=Z_0-50$），因为T01号刀具为标准刀，将其长度补偿值设为$H01=0$。

（g）换上T02号刀具，重复上面步骤（c）~（e），确定Z_2，其长度补偿值为$H02=\pm(Z_2-Z_1)$，$\pm$符号由G43/G44决定。

（h）依次换上各把刀具，重复上面步骤（c）~（f），找出各自的长度补偿值$H02 \sim H\#\#$。

（i）输入各自的长度补偿值到数控系统中，即完成各刀具Z轴对刀和长度补偿的设定。

（3）数控铣床/加工中心刀具补偿参数的设置

数控铣床/加工中心的刀具补偿包括刀具的半径和长度补偿。

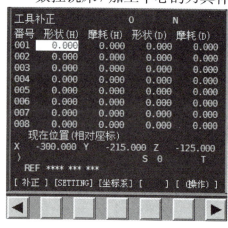

图2-13 参数补偿设定页面

① 输入半径补偿参数。FANUC 0i的刀具半径补偿包括形状补偿和磨耗补偿。

a. 在MDI键盘上按 键，进入参数补偿设定页面，如图2-13所示。

b. 用方向按钮 、 选择所需的番号，并用 、 将光标移到相应的区域来设定半径补偿（形状补偿或磨耗补偿）。

c. 按MDI键盘上的字母/数字键，输入刀具半径补偿或磨耗补偿参数。

d. 按软键[输入]或按 键，将参数输入到指定区域。按 键逐字删除输入域中的字符。

② 输入长度补偿参数。长度补偿参数在刀具表中按需要输入。FANUC 0i的刀具长度补偿包括形状长度补偿和磨耗长度补偿。

a. 在MDI键盘上按 键，进入参数补偿设定页面，如图2-13所示。

b. 用方向按钮 、 选择所需的番号，并用 、 将光标移到相应的区域来设定长度补偿（形状补偿或磨耗补偿）。

c. 按MDI键盘上的字母/数字键，输入刀具长度补偿或磨耗补偿参数。

d. 按软键[输入]或按 键，将参数输入到指定区域。按 键逐字删除输入域中的字符。

2.15 程序校验

（1）单段/程序段跳/选择停止运行方式

首先检查机床是否机床回零。若未回零，先将机床回零，再输入数控程序或自行创建一段程序。点击操作面板上的 按钮，指示灯变亮 ，系统进入自动运行状态。

① 单段运行方式。点击操作面板上的"单段" 键，点击操作面板上的"循环启动"

键，程序开始执行。

> **注意**：自动/单段方式执行每一行程序，均需点击一次"循环启动" 按钮。

② 程序段跳运行方式。点击"程序段跳" 键，则程序运行时跳过符号"/"有效，该行成为注释行，不执行。

③ 选择停止运行方式。点击"选择停止" 键，则程序中 M01 有效。

可以通过"主轴倍率"旋钮 和"进给倍率"旋钮 ，调节主轴旋转的速度和移动的速度；按 键可将程序重置。

（2）空运行方式

机床的空运行是指在不装夹工件的情况下，自动运行程序，用以检验刀具走刀路线的正确与否。在空运行前，必须完成下列准备工作：

① 各刀具装夹完毕。
② 各刀具的补偿值已输入数控系统。
③ 进给倍率一般选择为 100%。
④ 将单段运行按钮按下。
⑤ 将机床锁定按钮按下。
⑥ 将机床空运行按钮按下。

完成上面的操作之后，点击操作面板上的"自动"键，指示灯变亮，系统进入自动运行状态。点击操作面板上的"循环启动"按钮，程序开始执行。空运行完成后程序无误，回参考点后，即可进行工件的加工。

2.16 自动加工

首件试切完成后，经检测零件的形状、尺寸及精度均满足要求，即可进行自动加工。

（1）MDI 方式运行

从 MDI 键盘输入一个或几个程序段之后，机床可以根据这些程序运行，这种操作称为 MDI 方式运行。在 MDI 方式下程序格式与通常程序一致，MDI 方式适用于简单的测试操作。

点击操作面板上的 键，指示灯变亮，系统进入 MDI 方式运行状态。单击 MDI 面板上的 键进入显示程序界面，如图 2-14 所示。

用程序编辑操作的方式编写要执行的程序段。执行前，点击"RESET"将光标移至程序头。按下操作面板上的"循环启动"按钮，程序开始执行。

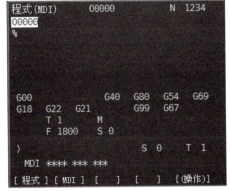

图 2-14　显示程序界面

（2）存储器方式运行

在数控系统的存储器内存储程序后，机床即可根据程序中的指令进行自动运行，这称为存储器方式运行。

① 程序运行。首先检查机床是否回零，若未回零，先将机床回零。检索需要运行的程序。点击操作面板上的自动按钮，指示灯变亮，系统进入自动运行状态。按下操作面板上的"循环启动"按钮，程序开始执行。

② 中断运行。数控程序在运行过程中可根据需要暂停、急停和重新运行。数控程序在运行时，按下"循环保持"按钮 ，程序停止执行；再点击"循环启动"按钮，程序从暂停位置开

始执行。

数控程序在运行时,按下复位键,程序停止运行。

数控程序在运行时,按下"急停"按钮,数控程序中断运行;继续运行时,先将急停按钮松开,再按"循环启动"按钮,余下的数控程序从中断行开始作为一个独立的程序执行。

2.17 质量检验

同任务一。

2.18 关机

同任务一。

 拓展训练

1. 在数控铣床/加工中心机床反复进行对刀及工件装夹练习。

2. 将下面程序输入数控铣床/加工中心或仿真软件,并完成本任务中要求的程序编辑、单段/程序段跳/选择停止及空运行、MDI、自动运行等方式练习。

1. %; O0030; G54 G90 G40 G17 G64 G21; M03 S250; M08; G00 Z100; X-60 Y45; Z5; G01 Z-7.5 F100; Y33; X60; Y45; G00 Z100 M09; M30;	2. % O0031; G55 G90 G40 G17 G64 G21; M03 S250; M08; G00 Z100; X60 Y-45; Z5; G01 Z-18 F100; Y-32.5; X-60; Y45; G00 Z100 M09; M30;

3. 根据本书任务一、任务二的任务实施过程,独自完成平面、台阶铣削加工练习。

任务三　直线沟槽的铣削加工

 任务目标

【知识目标】
1. 理解游标卡尺、外径千分尺、百分表等常用测量工具的读数和使用方法。
2. 了解三坐标测量机类型及特点。
3. 理解三坐标测量机工作原理及测量方法。
4. 熟悉产品技术准备和数控加工过程。

【能力目标】
1. 能合理选择所需量具并正确使用。
2. 能根据工件的测量需要正确选择三坐标测量机及其测头系统。
3. 能根据工件的测量需要正确操作三坐标测量机，并能对测量机进行维护。
4. 能正确保养常用量具。
5. 能够运用数控加工程序进行直槽加工，并达到加工要求。

【思政与素质目标】
　　加强中国传统文化知识教育，树立高尚的职业道德，培养学生具有一丝不苟的工作态度，弘扬劳动光荣的时代风尚。

 任务实施

【任务内容】
　　现有一毛坯为六面已经加工好的 100mm×100mm×20mm 的塑料板，试铣削成如图 3-1 所示的零件。

【工艺分析】

3.1　零件图分析

① 直线沟槽中心线由"N"形的直线组成，沟槽宽 10mm、深 2mm。
② 直沟槽直接与零件外相通。

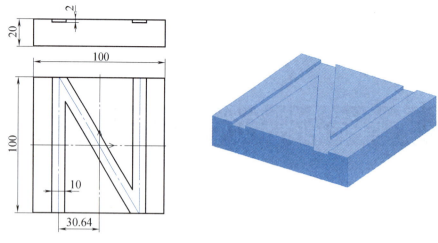

图 3-1 直线沟槽工件的加工示例

3.2 确定装夹方式和加工方案

① 装夹方式：采用机用平口钳装夹，底部用等高垫块垫起，使加工面高于钳口 5mm 以上。
② 加工方案：一次装夹完成所有内容的加工。

3.3 加工刀具选择

选择使用 $\phi 10mm$ 的立铣刀。

3.4 走刀路线确定

① 建立工件坐标系的原点：设在工件上表面的对称中心，如图 3-2 所示。
② 确定起刀点：设在工件上表面对称中心的上方 100mm 处。
③ 确定下刀点：设在 a 点上方 100mm（X-30.64，Y-60，Z100）处。
④ 确定走刀路线：O-a-b-c-d-O，如图 3-2 所示。

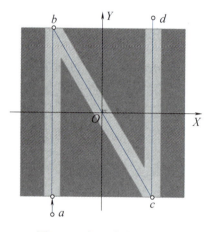

图 3-2 走刀路线示意图

3.5 选定切削用量

① 背吃刀量：a_p=2mm。
② 主轴转速：$n=1000v/\pi D=955 \approx 900$r/min（刀具直径 D=10mm，切削速度 v=30m/min）。
③ 进给量：$f=nzf_z=180 \approx 150$mm/min（刀具转速 n=900r/min，铣刀齿数 z=4，每齿进给量 f_z=0.05mm/z）。

【编写技术文件】

3.6 工序卡（见表 3-1）

表 3-1 本任务工件的工序卡

材料	塑料板	产品名称或代号	零件名称	零件图号
		N0030	直线沟槽	XKA003
工序号	程序编号	夹具名称	使用设备	车间
0001	O0030	机用平口钳	VMC850-E	数控车间

续表

工步号	工步内容	刀具号	刀具规格 ϕ/mm	主轴转速 n/(r/min)	进给量 f/(mm/min)	背吃刀量 a_p/mm	备注
1	铣沟槽		ϕ10mm 立铣刀	900	150	2	自动 O0030
编制		批准		日期		共1页	第1页

3.7 刀具卡（见表 3-2）

表 3-2 本任务工件的刀具卡

产品名称或代号		N0030	零件名称	直线沟槽		零件图号		XKA003
刀具号	刀具名称	刀具规格 ϕ/mm	加工表面	刀具半径补偿号 D	补偿值 /mm	刀具长度补偿 H	补偿值 /mm	备注
	立铣刀	10	直沟槽					基准刀
编制		批准		日期			共1页	第1页

3.8 编写参考程序

（1）计算节点坐标（见表 3-3）

表 3-3 节点坐标

节点	X 坐标值	Y 坐标值	节点	X 坐标值	Y 坐标值
a	-30.64	-60	d	-30.64	50
b	-30.64	50	O	0	0
c	30.64	-50			

（2）编制加工程序（见表 3-4）

表 3-4 本任务工件的参考程序

程序号：O0030			
程序段号	程序内容		说明
N10	G54 G90 G94;		调用工件坐标系，绝对坐标编程
N20	S900 M03;		开启主轴
N30	G00 Z100;		将刀具快速定位到初始平面
N40	X-30.64 Y-60;		快速定位到下刀点
N50	Z5;		快速定位到 R 平面
N60	G01 Z-2 F150;		进刀到 a 点
N70	X-30.64 Y50;	G91 Y110;	铣削工件到 b 点
N80	X30.64 Y-50;	X61.28 Y-100;	铣削工件到 c 点
N90	X30.64 Y60;	G90 Y60;	铣削工件到 d 点
N100	G00 Z100;		快速返回到初始平面
N110	X0 Y0;		返回工件原点
N120	M05;		主轴停止
N130	M30;		程序结束

【零件加工】

3.9 数控铣床 / 加工中心安全文明生产

同任务一。

3.10 数控铣床 / 加工中心开机

同任务一。

3.11 机床回参考点及其他手动操作

同任务一。

3.12 程序传输

同任务一。

3.13 工件装夹找正

同任务二。

3.14 安装刀具

同任务二。

3.15 工件坐标系的建立（对刀）

同任务二。

3.16 程序校验

同任务二。

3.17 自动加工

同任务二。
① 将工件坐标系 G54 的 Z 值朝正方向平移 50mm，将机床置于自动运行模式，按下启动运行键，控制进给倍率，检验刀具的运动是否正确。
② 把工件坐标系 Z 值恢复为原值，将机床置于自动运行模式，按下"单步"按钮，将倍率旋钮置于 10%，按下"循环启动"按钮。
③ 用眼睛观察刀位点的运动轨迹，根据需要调整进给倍率旋钮，右手控制"循环启动"和"进给保持"按钮。

3.18 质量检验

3.19 数控铣床 / 加工中心关机

同任务一。

知识拓展
——常用量具使用

一、游标卡尺

【1】游标卡尺简介

游标卡尺是工业上常用的测量长度的仪器，可直接用来测量精度较高的工件，如工件的长度、内径、外径以及深度等，如图3-3所示。其测量范围有0～125mm、0～150mm、0～200mm、0～300mm、0～500mm、0～1000mm、0～1500mm、0～2000mm几种。

【2】游标卡尺的结构

游标卡尺作为一种被广泛使用的高精度测量工具，它是由主尺和附在主尺上能滑动的游标两部分构成的，结构如图3-4所示。按游标的刻度值来分，游标卡尺可分0.1mm、0.02mm、0.05mm三种。

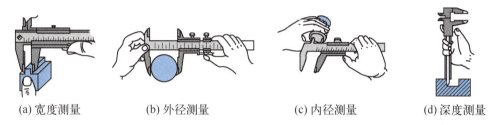

(a) 宽度测量　　(b) 外径测量　　(c) 内径测量　　(d) 深度测量

图3-3　游标卡尺的应用

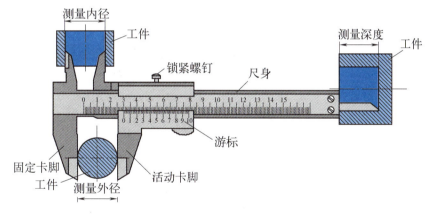

图3-4　游标卡尺的结构

【3】游标卡尺的分度原理

游标卡尺的主尺一般以毫米为单位，而游标上则有10、20或50个分格，根据分格的不同，游标卡尺可分为十分度游标卡尺、二十分度游标卡尺、五十分度游标卡尺，如图3-5所示，它们分别对应分度值0.1mm、0.05mm、0.02mm，最常用的分度值是0.02mm。

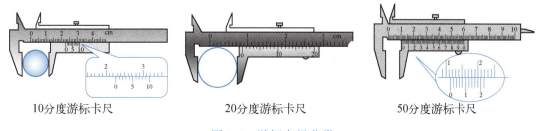

10分度游标卡尺　　　20分度游标卡尺　　　50分度游标卡尺

图3-5　游标卡尺分类

以常用分度值 0.02mm 的游标卡尺为例，其分度原理为：主尺上的最小分度是 1mm，游标上有 50 个等分刻度，总长为主尺上的 49mm，则游标上每一个分度为 0.98mm，主尺上一个刻度与游标上的一个刻度相差 0.02mm。

量爪并拢时，主尺和游标的零刻度线对齐，它们的第一条刻度线相差 0.02mm，第二条刻度线相差 0.04mm，以此类推，第 50 条刻度线相差 1mm，即游标的第 50 条刻度线恰好与主尺的 49mm 刻度线对齐。

(4) 游标卡尺的读数方法

以刻度值 0.02mm 的精密游标卡尺为例，读数方法可分三步：

① 根据游标零线以左的主尺上的最近刻度读出整毫米数；

② 根据游标零线以右与主尺上的刻度对准的刻线数乘上 0.02 读出小数；

③ 将上面整数和小数两部分加起来，即为总尺寸。

例：图 3-6 为工件测量结果读数（0.02mm 游标卡尺）。

如图 3-6 所示，游标 0 刻度线以左所对主尺前面的刻度 30mm，游标 0 刻度线以右的第 16 条线与主尺上的一条刻度线对齐。游标 0 刻度线以右的第 16 条线表示：

0.02×16=0.32（mm）

所以被测工件的尺寸为：

30+0.32=30.32（mm）

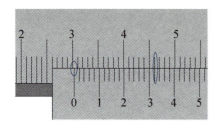

图 3-6　工件测量结果

带表卡尺（图 3-7）读数方法：从尺身主刻度读取整毫米数；看表盘指示表读出毫米以下的数；总的读数为毫米整数加上毫米小数。

数显卡尺（图 3-8）读数方法：这种游标卡尺在零件表面上测量尺寸时，直接以数字形式显示出来，使用极为方便。数显卡尺的精度是 0.01mm，超出此精度要求的需另选量具。

图 3-7　带表卡尺

图 3-8　数显卡尺

(5) 游标卡尺的使用方法

① 擦拭。在使用游标卡尺进行测量前，用软布将量爪、待测工件表面擦干净。

② 调零。测量时，要查看游标卡尺主尺和游标的零刻度线是否对齐。如果对齐就可以进行测量，如没有对齐则要记取零误差，游标的零刻度线在主尺零刻度线右侧的叫正零误差，游标的零刻度线在主尺零刻度线左侧的叫负零误差。如果存在零误差，那么读数后一定要减去零误差。

③ 测量工件。测量时，要注意看清尺框上的分度值标记，左手拿待测外径（或内径）的物体，使待测物位于外测量爪之间，右手拿住尺身，大拇指移动游标，使量爪轻轻接触被测零件的表面，保持合适的测量力，量爪位置要摆正，不能歪斜，如图 3-9 所示。读数时，视线应与尺身表面垂直，避免产生视

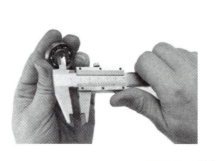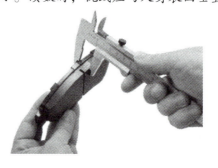

图 3-9　游标卡尺的使用

觉误差。如需取下卡尺进行读数，可用紧固螺钉将游标固定在尺身上，防止滑动。为了减少测量读数的误差，最好在工件的同一位置多次测量，取平均值作为测量结果。

④归位。游标卡尺使用完毕，擦拭干净后，放入卡尺盒内盖好。

二、外径千分尺

【1】外径千分尺的结构

外径千分尺也叫螺旋测微器，它是比游标卡尺更精密的长度测量仪器，精度有 0.01mm、0.02mm、0.05mm 几种，加上估读的 1 位，可读取到小数点后第 3 位（千分位），故称千分尺。常用规格有 0～25mm、25～50mm、50～75mm、75～100mm、100～125mm 等若干种。

外径千分尺由固定的尺架、测砧、测微螺杆、固定套管、微分筒、测力装置、锁紧装置等组成，如图 3-10 所示。

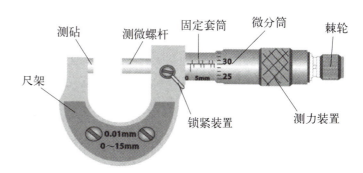

图 3-10　外径千分尺的结构

【2】外径千分尺的读数

微分筒一周有 50 条等分刻线，一格表示 0.01mm。微分筒旋转一周，测微螺杆直线移动 0.5mm。微分筒需要旋转两周，测微螺杆才能移动 1mm，也就是走一格，如图 3-11 所示。

读数时，先以微分筒的端面为准线，读出固定套筒刻度线的整数值；再以固定套筒的水平线为准线，读出微分筒上的小数值，读数时应估读一位，即 0.001mm。注意是否有半格线露出，如果有，在读取整数值时应加上 0.5mm。

外径千分尺的读数方法：

①先读固定刻度；
②再读半刻度，若半刻度线已露出，记作 0.5mm；若半刻度线未露出，记作 0.0mm；
③读可动刻度（注意估读），记作 $n \times 0.01$ mm；
④最终读数结果为固定刻度+半刻度+可动刻度。

例：图 3-12 所示为工件测量结果读数。

图 3-11　外径千分尺读数

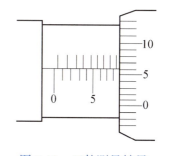

图 3-12　工件测量结果

固定刻度值：8.0mm。
半刻度值：0.5mm。
可动刻度：$6 \times 0.01 = 0.06$（mm），估读 0.001mm，$0.06+0.001=0.061$（mm）。
被测工件的尺寸为：$8.0+0.5+0.061=8.561$（mm）。

【3】外径千分尺的校零

在使用外径千分尺进行测量之前，我们要先对它进行校零。对 0～25mm 的外径千分尺，让测杆与测砧接触，微分筒上的零线与固定套筒上的水平线应该是对齐的，如图 3-13 所示。如果没有对齐，我们要记录这个零误差的数值，用测得值减去零误差，从而消除它的影响。零线在水平线下方，说明测量

图3-13 外径千分尺校零

时的读数要比真实值大,这种误差记作正零误差。零线在水平线上方,说明测量时的读数要比真实值小,这种零误差记作负零误差。

外径千分尺校零方法:

① 使用千分尺时先要检查其零位是否校准,因此先松开锁紧装置,清除油污,特别是测砧与测微螺杆间接触面要清洗干净。检查微分筒的端面是否与固定套管上的零刻度线重合,若不重合应先旋转旋钮,直至螺杆要接近测砧时,旋转测力装置,当螺杆刚好与测砧接触时会听到喀喀声,这时停止转动。

② 如两零线仍不重合(两零线重合的标志是:微分筒的端面与固定刻度的零线重合,且可动刻度的零线与固定刻度的水平横线重合),可将固定套筒上的小螺栓松动,用专用扳手调节套筒的位置,使两零线对齐,再把小螺栓拧紧。

注意:不同厂家生产的千分尺的调零方法不一样,这里仅是其中一种调零的方法。检查千分尺零位是否校准时,要使螺杆和测砧接触,偶尔会发生向后旋转测力装置两者不分离的情形。这时可用左手手心用力顶住尺架上测砧的左侧,右手手心顶住测力装置,再用手指沿逆时针方向旋转旋钮,可以使螺杆和测砧分开。

【4】外径千分尺的使用方法

① 擦拭。用软布擦拭外径千分尺和工件。

② 校零。左手拿住千分尺的尺架和标准块,右手转动微分筒,当测砧和测微螺杆接近标准块时,改旋测力装置,听到喀喀声后,看是否有零误差。如果有零误差,记录数值。

③ 测量。转动微分筒,使测砧与测微螺杆之间的距离大于工件;将工件置于测砧与测微螺杆之间,使千分尺和工件垂直,转动微分筒,当测杆接近物体时,改旋测力装置直至听到喀喀声后,即可读数;也可旋紧锁紧装置,取下读数;记录被测数据。我们可在不同的截面,不同的方向上进行多次测量。

④ 归位。千分尺使用完毕,擦拭干净,放入千分尺盒内盖好。长期不用需涂上润滑油。

【5】外径千分尺的注意事项

① 测量前应擦拭千分尺和工件。

② 不同规格的外径千分尺测量范围不同,使用时应根据被测尺寸选取。

③ 测量时尺架不要偏斜。

④ 测量时,注意要在测微螺杆快靠近被测物体时停止使用旋钮,而改用微调旋钮,避免产生过大的压力,既可使测量结果精确,又能保护螺旋测微器;

⑤ 在读数时,要注意固定刻度尺上表示半毫米的刻线是否已经露出;读取微分筒刻线时直视基准线。

⑥ 读数时,千分位有一位估读数字,不能随便扔掉,即使固定刻度的零点正好与可动刻度的某一刻度线对齐,千分位上也应读取为"0";

⑦ 当小砧和测微螺杆并拢时,可动刻度的零点与固定刻度的零点不相重合,将出现零误差,应加以修正,即在最后测长度的读数上去掉零误差的数值。

⑧ 如果需要取下读数,应用锁紧装置锁紧测微螺杆后,再轻轻取出。

⑨ 注意千分尺不要摔落或碰撞任何东西。

⑩ 存储时测量面之间应该留有0.1mm到1mm的空隙。存放在避免阳光直射、通风性良好、低湿度、没有灰尘的场所。

三、量块

【1】量块简介

量块又叫块规,如图3-14所示,是无刻度的平面平行端面量具。常用铬锰钢或线胀系数小、性质稳定、耐磨、不易变形的其他材料制成。形状为长方体结构,六个平面中有两个相互平行的、极为光滑平整的测量面，两测量面之间具有精确的工作尺寸，量块主要用作尺寸传递系统中的中间标准量具，或在相对法测量时作为标准件调整仪器的零位，也可以用它直接测量零件。

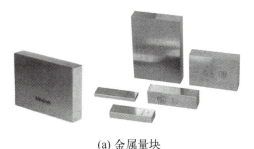
(a) 金属量块

(b) 陶瓷量块

图3-14　量块

【2】量块精度等级划分

量块是长度计量的基准，制造极精确，划分量块精度有两种规定：按级划分和按等划分。

① 量块的级：是以量块的标称长度为工作尺寸的，该尺寸包含了量块的制造误差，它们将被引入测量结果中，由于不需要加修正值，故使用较方便。按制造精度分5级，即K、0、1、2、3级，其中K级精度最高，3级最低，K级为校准级。量块生产企业大都按"级"向市场销售量块。

② 量块的等：量块按"等"使用时，不再以标称长度作为工作尺寸，而是用量块经检定后所给出的实测中心长度作为工作尺寸，该尺寸排除了量块的制造误差，仅包含检定时较小的测量误差。量块按其检定精度分为五等，即1、2、3、4、5等，其中1等精度最高，5等精度最低。就同一量块而言，检定时的测量误差要比制造误差小得多，所以，量块按"等"使用时其精度比按"级"使用要高。

【3】量块的组合方法

每块量块只有一个确定的工作尺寸，因此为了满足一定尺寸范围内的不同测量尺寸的要求，量块可以组合使用。量块组合使用的原则：为了减少量块的组合误差，应尽量减少量块组的量块数目。通常，总块数不应超过四块。选用量块时应从消去需要数字的最小尾数开始，每选一块至少应减去所需尺寸的一位尾数。

例：从83块一套的量块中组合尺寸28.785mm的量块组，则可选用：1.005、1.28、6.5和20mm共四块量块。

【4】量块的使用方法

① 选择适当精度的量块：根据设计对象或被检验工件的精度等级和基本尺寸，按国家标准等级选。

② 正确计算量块各尺寸：为了得到工作尺寸是某一具体数值的量块组，首先选取能去除最小位数的量块，然后依次选取较大位数的相应量块，每选一块应该能使所要组成的量块组尺寸至少减少一位。

③ 按照计算取出各量块：根据盒内各个量块前面的标号来拾取，用专用的夹子或镊子夹持，放在衬有白色洁净绸缎的手内或是麂皮上。置于盒内的量块，其上下、前后均为非工作表面，左右为工作面。

④ 通过研合组成量块组：研合量块组时，首先用优质汽油将选用的各量块清洗干净，用洁布擦干，然后以大尺寸量块为基础，顺次将小尺寸量块研合上去。研合方法如图3-15所示，将量块沿着其测量面长边方向B，先将两块量块测量面的端缘部分接触并研合，然后稍加压力A，将一块量块沿着另一块量块推进，使两块量块的测量面全部接触，并研合在一起。

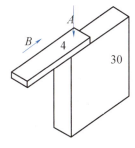

图3-15　研合方法

⑤ 选择恰当量爪：检测孔壁厚用圆弧量爪，模拟长度基准用平面量爪，划线量爪用于钳工划线，检测孔中心距用中心量爪。

⑥ 在夹持器上安装爪块：将选取好的量爪与组合后的量块擦拭干净，顺次装进夹持器内，夹紧时不可过于用力。

⑦ 使用后拆去清洁保存：使用完毕，应用航空汽油或苯清洗所用量块，并擦干后涂上防锈脂或无酸

凡士林油放入专用盒内，存于干燥处，妥善保管以免生锈。经常使用的量块可以在清洁后不涂防锈油，直接放入干燥器内保存。

（5）量块使用的注意事项

① 使用前，先在汽油中洗去防锈油，再用清洁的麂皮或软绸擦干净。不要用棉纱头去擦量块的工作面，以免损伤量块的测量面。

② 清洗后的量块，不要直接用手去拿，应当用软绸衬起来拿。若必须用手拿量块时，应当把手洗干净，并且要拿在量块的非工作面上。

③ 把量块放在工作台上时，应使量块的非工作面与台面接触。不要把量块放在蓝图上，因为蓝图表面有残留化学物，会使量块生锈。

④ 不要使量块的工作面与非工作面进行推合，以免擦伤测量面。

⑤ 量块使用后，应及时在汽油中清洗干净，用软绸揩干后，涂上防锈油，放在专用的盒子里。若经常需要使用，可在洗净后不涂防锈油，放在干燥缸内保存。绝对不允许将量块长时间地粘合在一起，以免由于金属粘结而引起不必要损伤。

四、百分表

（1）百分表简介

百分表是一种指示式量具，主要用于校正工件的安装位置，检验零件的形状和相互位置的精度。图3-16（a）所示为机械百分表，表盘上刻有100格刻度，小指针转数指示盘上刻有百分表的量程极限，常用的有0～5mm、0～10mm等。图3-16（b）所示为数显百分表。

（2）百分表的工作原理

百分表是一种精度较高的比较量具，它既能测出相对数值，也能测出绝对数值，主要用于测量形状和位置误差，也可用于机床上安装工件时的精密找正。百分表的读数准确度为0.01mm。当测量杆向上或向下移动1mm时，通过齿轮传动系统带动大指针转一圈，小指针转一格。刻度盘在圆周上有100个等分格，各格的读数值为0.01mm。小指针每格读数为1mm。测量时指针读数的变动量即为尺寸变化量。刻度盘可以转动，以便测量时大指针对准零刻度线。

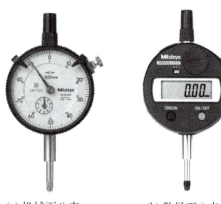

(a) 机械百分表　　(b) 数显百分表

图3-16　百分表外形

（3）百分表的读数

百分表的读数方法为：先读小指针转过的刻度线（即毫米整数），再读大指针转过的刻度线并估读一位（即小数部分），并乘以0.01，然后两者相加，即得到所测量的数值。

（4）百分表的使用方法

① 用手转动表盘表，观察大指针能否对准零位及指针的灵敏度。

② 用手指轻抵表杆底部，观察表针是否动作灵敏。松开之后，能否回到最初的位置。

③ 先读小指针转过的刻度线（即毫米整数），再读大指针转过的刻度线（即小数部分），并乘以0.01，然后两者相加，即得到所测量的数值。

（5）百分表注意事项

① 使用前，应检查测量杆活动的灵活性。即轻轻推动测量杆时，测量杆在套筒内的移动要灵活，没有任何轧卡现象，每次手松开后，指针能回到原来的刻度位置。

② 使用时，必须把百分表固定在可靠的夹持架上。切不可贪图省事，随便夹在不稳固的地方，否则容易造成测量结果不准确，或摔坏百分表。

③ 测量时，不要使测量杆的行程超过它的测量范围，不要使表头突然撞到工件上，也不要用百分表测量表面粗糙度或有显著凹凸不平的工作面。

④ 测量平面时，百分表的测量杆要与平面垂直，测量圆柱形工件时，测量杆要与工件的中心线垂

直，否则，将使测量杆活动不灵或测量结果不准确。

⑤为方便读数，在测量前一般都让大指针指到刻度盘的零位。

五、万能角度尺

【1】万能角度尺简介

万能角度尺又称角度规，如图3-17所示。它是利用活动直尺测量面相对于基尺测量面的旋转，对该两测量面间分隔的角度进行读数的角度测量器具，可用于测量0°～320°以内的任何角度。

【2】万能角度尺的读数

万能角度尺的读数机构是根据游标原理制成的。主尺（扇形刻度板）刻线每格为1°。游标的刻线是取主尺的29°等分为30格，因此主尺与游标每格刻线的度数差为：

$$1°-29°/30=60'-58'=2'$$

即万能角度尺的精度为2'。其读数方法同其他游标量具相似，即先读出主尺上的数值，然后读出游标上的数值，再把主尺读出的刻度与游标上读出的数值相加，即为测量所得到的角度。

例：图3-18所示工件角度测量值。

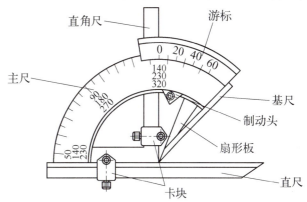

图3-17 万能角度尺

图3-18 工件角度测量值

度：看游标零线左边对应主尺上最靠近一条刻线的数值，读出被测角"度"的整数部分，9°；

分：看游标上哪条刻线与主尺相应刻线对齐，从游标尺上直接读出"分"的数值，16'；

被测角度值为：9°+16'=9°16'

注意：当测量被测工件内角时，应从360°减去角度规上的读数值；如在角度上读数为306°24'，则内角测量值为360°-306°24'=53°36'。

【3】不同角度的测量简介

① 测量0°～50°之间角度。角尺和直尺全都装上，产品的被测部位放在基尺和直尺的测量面之间进行测量，如图3-19（a）所示。

② 测量50°～140°之间角度。把角尺卸掉，把直尺装上去，使它与扇形板连在一起。工件的被测部位放在基尺和直尺的测量面之间进行测量，如图3-19（b）所示。

③ 测量140°～230°之间角度。把直尺和卡块卸掉，只装角尺，但要把角尺推上去，直到角尺短边与长边的交点和基尺的尖端对齐为止。把工件的被测部位放在基尺和角尺短边的测量面之间进行测量，如图3-19（c）所示。

④ 测量230°～320°之间角度。把角尺、直尺和卡块全部卸掉，只留下扇形板和主尺（带基尺）。把产品的被测部位放在基尺和扇形板测量面之间进行测量，如图3-19（d）所示。

【4】万能角度尺的使用方法

① 使用前，先将万能角度尺擦拭干净，再检查各部件的相互作用是否移动平稳可靠、止动后的读数是否不动，然后对零位。

② 根据被测角度的大小按合适的组合方式选择附件后，调整好万能角度尺。测量时，放松制动器上的螺帽，移动主尺座作粗调整，再转动游标背面的手把作精细调整，直到使角度尺的两测量面与被测工件的工作面密切接触为止。然后拧紧制动器上的螺帽加以固定，即可进行读数。

③ 读数时其视线要与标尺刻线方向一致，以免造成视差。当测量被测工件内角时，应从360°减去角度规上的读数值。旋转工件，选择其他4个不同位置测量，记录数据。

④ 测量完毕后，应用汽油把万能角度尺洗净，用干净纱布仔细擦干，涂以防锈油，然后装入盒内。

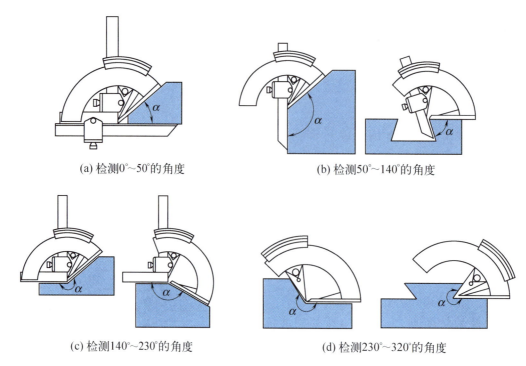

(a) 检测0°~50°的角度　　(b) 检测50°~140°的角度

(c) 检测140°~230°的角度　　(d) 检测230°~320°的角度

图 3-19　万能角尺测量组合图

六、表面粗糙度比较样块

【1】表面粗糙度比较样块简介

表面粗糙度比较样块，如图 3-20 所示，是以比较法来检查机械零件加工表面粗糙度的一种工作量具。通过目测或放大镜与被测加工件进行比较，判断表面粗糙的级别。

图 3-20　表面粗糙度比较样块

【2】表面粗糙度比较样块使用方法

① 检查外观。表面粗糙度比较样块表面应无锈蚀、划伤、缺损及明显磨耗。被测表面也应无铁屑、毛刺和油污。

② 比较测量方法。

a. 样板工作面及被测工作面的表面粗糙度用表面轮廓算术平均偏差 Ra 参数来评定。

b. 样块与被测件同置一处。比较样块在比较检验时，被测零部件与比较样块应处于同样的检测条件下，如照明亮度一致，否则将会有偏差。

③ 表面粗糙度判断的准则。根据制件加工痕迹的深浅，判断表面粗糙度是否符合图纸（或工艺要求）。当被检制件的加工痕迹深浅不超过样块工作面加工痕迹深度时，被检制件的表面粗糙度一般不超过样块的标称值。

④ 评定粗糙度方法。以粗糙度样块工作面的表面粗糙度为标准，凭触觉（如指甲）、视觉（可借助

放大镜、比较显微镜）与被检工件表面进行比较，被检工件表面加工痕迹的粗糙度与对应痕迹比较相近的一块比较样块的粗糙度一致，即该样块的粗糙度值就是被检工件的粗糙度值。

⑤ 目视一般适合检查制件表面粗糙度 Ra 为 3.2～12.5μm 的制件。当采用放大镜观察时适合检查制件表面粗糙度 Ra 为 0.8～1.6μm 的制件，可采用 5～10 倍数的放大镜。

通过用表面粗糙度比较样块比对来检查机械零件加工表面粗糙度的方法，虽简便、快速、经济实用，但其对操作者的实践经验要求较高，且只能定性测量，无法得到表面粗糙度的定量值，用于具有一般而不是严格要求的表面粗糙度的零件表面。对有定量值需求或表面粗糙度 Ra 为 0.02～5μm 的制件表面粗糙度测量，可采用电动轮廓仪（图 3-21）利用金刚石触针在被测表面上等速缓慢移动进行测量，方便、迅速、可靠。

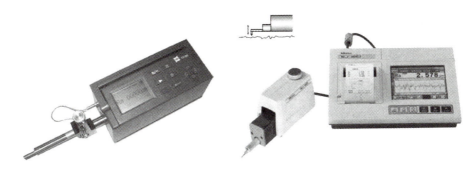

图 3-21　电动轮廓仪

【3】表面粗糙度比较样块使用保养注意事项

① 使用后或用手直接接触比较样块后，用干净棉布擦净样块上手指汗渍，涂防锈油。
② 粗糙度样块应防潮，锈蚀后无法修复；同时，防止划伤。
③ 粗糙度样块应置于无酸性、无碱性气氛的地方保存。不允许与工具（榔头、钳子等）、刀具、零件等杂物混放，不允许与其他量具触碰、叠放。
④ 应按计量器具周期检定计划送检，检定合格后才能使用。

——三坐标测量机的使用

一、三坐标测量机简介

三坐标测量机（Coordinate Measuring Machine，简称 CMM），是在三维空间上通过采集点的三维坐标来评定物体几何形状，是集光、电、气、机械与计算机技术为一体，高精度、高效率的一种自动化先进坐标测量机器，也是制造业中必不可少的一种检测设备。其主要功能如下。

① 几何尺寸测量：可完成点、线、面、孔、球、圆柱、圆锥、槽、椭圆、圆环的几何尺寸测量，同时可测出相关的形状误差。
② 几何元素构造：通过测量相关尺寸，可构造出未知的点、线、面、孔、球、圆柱、圆锥、槽、抛物面、环等，并计算出它们的几何尺寸和形状误差。
③ 计算元素间的关系：通过测量一些相关尺寸，可计算出元素间的距离、相交、对称、投影、角度等关系。
④ 位置误差检测：可完成平行度、垂直度、同轴度、位置度等位置误差的测量。
⑤ 几何形状扫描：用 AEH 公司提供的 AC-DMIS 软件包可对工件进行扫描测量。

【1】常用三坐标测量机的类型

按照结构形式，三坐标测量机可分为移动桥式、固定桥式、龙门式、水平臂式等，如图 3-22 所示。

图 3-22（a）为移动桥式结构，它是目前应用最广泛的一种结构形式，其结构简单，敞开性好，工件安装在固定工作台上，承载能力强。但这种结构的 X 向驱动位于桥框一侧，桥框移动时易产生绕 Z 轴

偏摆，而该结构的 X 向标尺也位于桥框一侧，在 Y 向存在较大的阿贝臂，这种偏摆会引起较大的阿贝误差，因而该结构主要用于中等精度的中小机型。

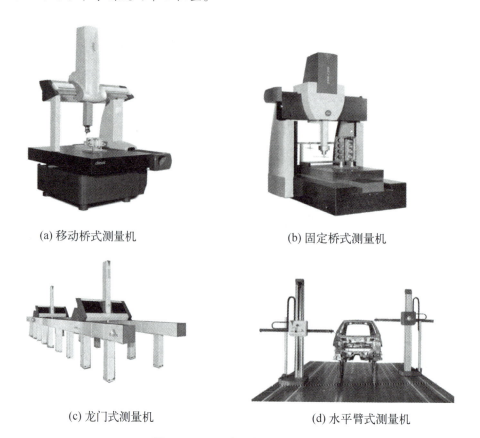

(a) 移动桥式测量机　　(b) 固定桥式测量机

(c) 龙门式测量机　　(d) 水平臂式测量机

图 3-22　三坐标测量机的类型

图 3-22（b）为固定桥式结构，其桥框固定不动，X 向标尺和驱动机构可安装在工作台下方中部，阿贝臂及工作台绕 Z 轴偏摆小，其主要部件的运动稳定性好，运动误差小，适用于高精度测量，但工作台负载能力小，结构敞开性不好，主要用于高精度的中小机型。

图 3-22（c）为龙门式结构，它与移动桥式结构的主要区别是它的移动部分只是横梁，移动部分质量小，整个结构刚性好，三个坐标测量范围较大时也可保证测量精度，适用于大机型，缺点是立柱限制了工件装卸，单侧驱动时仍会带来较大的阿贝误差，而双侧驱动方式在技术上较为复杂，只有 Y 向跨距很大、对精度要求较高的大型测量机才采用。

图 3-22（d）水平臂式结构，在汽车工业中有广泛应用。其结构简单、敞开性好，尺寸也可以较大，但因横臂前后伸出时会产生较大变形，故测量精度不高，用于中、大型机型。

【2】三坐标测量机的特点

三坐标测量机测量精度高，工作适应性强，测量结果的一致性好，一次装夹完成尽可能多的复杂测量，可以完成人工无法胜任的测量工作。

二、三坐标测量机的工作原理及测量方法

【1】三坐标测量机的工作原理

三坐标测量机就是在三个相互垂直的方向上有导向机构、测长元件、数显装置，有一个能够放置工件的工作台（大型和巨型测量机不一定有），测头可以手动或机动方式轻快地移动到被测点上，由读数设备和数显装置把被测点的坐标值显示出来的一种测量设备。显然这是最简单、最原始的测量机。有了这种测量机后，在测量容积内任意一点的坐标值都可通过读数装置和数显装置显示出来。测量机的采点发信装置是测头，在沿 X、Y、Z 三个轴的方向装有光栅尺和读数头。其测量过程就是当测头接触工件并

发出采点信号时，由控制系统去采集当前机床三轴坐标相对于机床原点的坐标值，再由计算机系统对数据进行处理。

(2) 三坐标测量机的测量方法

一般点位测量有以下三种测量方法：直接测量、程序测量和自学习测量。

① 直接测量方法（即手动测量）。操作员将决定的顺序利用键盘输入指令、系统逐步执行的操作方式，测量时根据被测零件的形状调用相应的测量指令，以手动或NC方式采样，其中NC方式是把测头拉到接近测量部位，系统根据给定的点数自动采点。测量机通过接口将测量点坐标值输入计算机进行处理，并将结果输出显示或打印。

② 程序测量方法。将测量一个零件所需要的全部操作按照其执行顺序编程，以文件形式存入磁盘，测量时按运行程序控制测量机自动测量。该方法适用于成批零件的重复测量。

③ 自学习测量方法。操作者对第一个零件执行直接测量方式的正常测量循环中，借助适当命令使系统自动产生相应的零件测量程序，对其余零件测量时重复调用。该方法与手工编程相比，省时且不易出错。但要求操作员熟练掌握直接测量技巧，注意操作的目的是获得零件测量程序，需严格掌握操作的正确性。

三、三坐标测量机的基本操作

(1) 移动桥式三坐标测量机的结构

以西安爱德华测量设备有限公司生产的MQ564S移动桥式三坐标测量机为例，三坐标测量机有沿着相互正交的导轨运动的三个组成部分，装有探测系统的第一部分装在第二部分上，并相对其作垂直运动。第一部分和第二部分整体相对第三部分作水平运动，第三部分被架在机座的对应两侧的支柱上，并相对机座作水平运动，机座承载工件。移动式桥式坐标测量机是目前中小型测量机的主要结构形式，承载能力较大，本身具有台面，受地基影响相对较小，开放性好，精度比固定桥式稍低，如图3-23所示。

(2) 三坐标测量机的初始化

在开始操作坐标测量机前，做好以下工作：

① 确保相关的电缆、开关正确。
② 确保空气供应连接好。
③ 确保坐标测量机的清洁。
④ 打开控制柜电源→打开测头控制器→打开计算机→操纵盒加电→双击PC—DMIS软件快捷图标→按软件提示确认→机器回零。

(3) HT900手控器使用说明

如图3-24所示的HT900（手控器）是德国SB公司为CNC控制系统配备的一种高性能的手控器，可以实现空间3轴的手动高低速运动，并伴有辅助功能，使用户简捷、方便地实现操作。

图3-23 MQ564S移动桥式三坐标测量机

图3-24 HT900手控器按键布局

① 紧急开关。紧急开关用于紧急情况下及时停止电机转动，以免发生意外情况造成损失。在三坐标测量机已经就绪的情况下应检查紧急开关的连接并空转电机测试紧急开关连接的可靠性。按下为紧急开关被激活，顺时针旋转打开紧急开关。当紧急开关按下后，手控器会切断伺服电源电压，如需继续使用手控器进行操作，需打开紧急开关并按"On"按钮进行伺服电压加载，打开手控器"使能"按钮和各轴运动按钮方可进行手控器操作。

② 速度调节手轮。当该功能被激活的情况下，该手轮可以控制三坐标测量机的运行速度，该速度调节手轮调节按顺时针依次从0%～100%调节运行速度。

注意：高频率的高低速切换可能造成机器的不稳定，请用户尽可能保持恒速运行。

③ 手控器方向控制杆。出厂默认左右为X轴正负向运动，前后为Y轴正负向运动，顺时针为Z轴正向运动，逆时针为Z轴负向运动。

注意：在进行控制杆控制机器运动时，请保持设备的恒速运行，这将有益于提高测量的精度，严禁在移动过程中有急进、急退以及突然高速反向的情况。

④ 自定义功能键。F1～F3是自定义功能键，未使用。

⑤ 坐标系转换键。用于机器坐标系和工件坐标系转换，当用户需要在已经建立完成的工件坐标系下运行三坐标测量机时，按此按钮指示灯亮，移动手控器，三坐标测量机按照已经建立完成的工件坐标系移动。出厂默认按照机器坐标系移动。

⑥ 测头使能按钮。指示灯指示着测头的目前状态，当指示灯熄灭时，测头信号屏蔽，不能进行采点，当指示灯亮，表示测头进入探测阶段，触发后记录点，该功能仅适用于CNC模式下。出厂默认指示灯灭。

⑦ 目标点删除按钮。在测量软件下，使用该键，可删除最近一次测量的目标点，按一次表示删除一个目标点。

⑧ 伺服电源打开按钮。用于手动打开控制器伺服电源，指示灯亮表示伺服电源已打开，并可进行相关手控器操作。

⑨ 路径点设置功能键。用于在测量软件下，提取当前测头所在的位置，以实现辅助路径点。按下一次可做一个路径点。

⑩ 模糊识别功能键。当采点完成后按此按钮，测量软件可自动识别当前所测量元素并在测量软件中显示测量结果。

⑪ 伺服电源切断键。关掉手控器电源。

⑫ 操纵杆方向键。用于用户站在三坐标测量机不同的位置，实现三坐标测量机运动方向和用户的视觉方向的统一功能；出厂默认为三坐标测量机的正面。

注：该功能的误使用可能导致手控器方向控制杆的方向发生问题，请在完全熟悉本功能后再使用。

⑬ 高低速转换功能键。用于手动控制模式下，三坐标测量机运动的高速和低速的转换。指示灯亮表示高速模式，指示灯熄灭表示当前为低速模式，出厂默认为低速模式。

⑭ 轴锁定键。指示灯亮表示使用手控器可控制三坐标测量机该方向的运动（当手控器使能键亮时），指示灯熄灭表示该轴不能用手控器方向杆控制运动，可用于锁定该轴。

注意：当该功能键上的指示灯熄灭时，单轴将不能使用手控器进行移动，按下该键，指示灯亮后，恢复手控器移动状态。

⑮ 手控器使能开关。当指示灯亮时，表示该手控器为可用状态，在手控器未使用30s后，指示灯自动熄灭，表示不能使用控制杆移动三坐标测量机，按下后，指示灯亮，方可进行操作，在手控器使用过程中，该按键的指示灯不会熄灭。

【4】新建工作区

AC-DMIS测量软件安装完成后，双击桌面上的 或在"开始"→"程序"中单击"AC-DMIS"都可以将其启动。单击"文件"中的"新建工作区"会弹出"提示"对话框如图3-25所示。

如果当前的工作区被保存过，单击"是"则保存当前的工作区并新建工作区；单击"否"则不保存当前的工作区并新建工作区。

如果当前工作区已经是新建的 default 工作区，单击"是"弹出工作区"另存为"对话框如图 3-26 所示，给工作区命名保存或取消后新建工作区；单击"否"则不保存当前的工作区并新建工作区。

新建工作区时，编辑器、测量结果、CAD 模型、结果信息、视图管理中添加的文件、坐标系名称、设置的安全平面都被清空，工件坐标系和模型坐标系自动初始化并自学习指令，单位为新建前设置的单位，并自学习坐标系指令，测头信息工具条显示当前坐标系名称为"MACHINE"，如图 3-27 所示。

图 3-25 "提示"对话框

图 3-26 "另存为"对话框

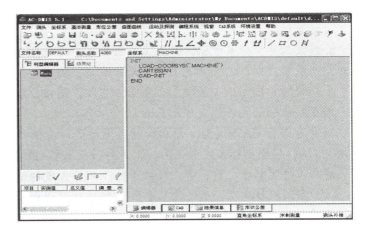

图 3-27 AC-DMIS 新建工作区界面

注意：电脑"我的文档"中的"AC-DMIS"文件夹是新建工作区默认的存储路径，不要删除这个文件夹。"default"是新建的工作区默认的名称，在电脑"我的文档"中的"AC-DMIS"文件夹下保存工作区时不要以"default"命名保存工作区，否则新建时就会被替换。

【5】坐标系建立

① 坐标系建立原则。与传统测量仪器不同，坐标测量机测量工件时，通常不需要对被测工件进行精确调整定位，因为软件提供的功能可以让操作者根据工件上基准要素的实际方位来建立工件坐标系，即柔性定位。这样测量结果在很大程度上依赖于工件坐标系的建立是否合理。为了做到能合理地建立工件坐标系，必须遵守如下原则：

a. 选择测量基准时应按使用基准、设计基准、加工基准的顺序来考虑。

b. 当上述基准不能为测量所用时，可考虑采用等效的或效果接近的过渡基准作为测量基准。

c. 选择面积或长度足够大的元素作定向基准。

d. 选择设计及加工精度高的元素作为基准。

e. 注意基准的顺序及各个基准在建立工件坐标系时所起的作用。

f. 可采用基准目标或模拟基准。

g. 注意减小因基准元素测量误差造成的工件坐标系偏差。

② 工件位置找正。

a. 界面说明。打开"坐标系"菜单中的"工件位置找正"选项或直接单击工具栏图标，弹出如图 3-28 所示的对话框。

A：操作步骤信息栏；B：元素列表栏；C：空间旋转轴向选择下拉菜单；D：平面旋转轴向选择下拉菜单；

图 3-28 "工件位置找正"界面

E：指定角度平面旋转下拉菜单；F：偏置的轴向选项；G：偏置的轴向偏置值。

名称：生成的程序节点的名称也是保存坐标系的名称，单击确定前必须输入名称。

初始化：使当前坐标系回到机器坐标系。

调出坐标系：回调已保存过的坐标系。

CAD=工件：使模型坐标系和工件坐标系统一，即选择后对工件坐标系进行改变时模型坐标系也同时转换。选择后在界面右上角的 CAD=Part 前打钩。注意：选择"CAD=工件"后，即使未单击"确定"，但该功能已经起作用。

确定：单击后建立新的坐标系，同时按输入名称生成节点程序并自动保存坐标系。

退出：单击后当前坐标系为此前的坐标系，不改变。

坐标系规定为右手笛卡儿直角坐标系。

b. 建立工件坐标系步骤。建立工件坐标系一般分为三个步骤：

空间旋转：以所选矢量元素（平面，直线，圆锥，圆柱）确定为第一轴（主轴）。

平面旋转：以所选矢量元素（平面，直线，圆锥，圆柱）确定为第二轴（副轴）。

偏置：以所选元素确定坐标原点。

测量时若有 CAD 模型，并且欲利用模型进行有模型的特征测量，在该种情况下建立的工件坐标系必须与 CAD 模型坐标系完全相同。测量时若没有 CAD 模型，则根据图纸设计基准建立工件坐标系。

建立工件坐标系之前，首先要在工件上测量（或构造）所需的特征（基本几何元素）。

（a）空间旋转。在可选元素列表栏 B 中选择欲进行空间旋转的基准元素，在空间旋转轴向选择 C 下拉菜单中的下拉列表框中选择第一轴（主轴）的轴向，单击"空间旋转"，使坐标系第一轴（主轴）方向为所选基准元素的法向矢量方向。此时，在"操作步骤信息栏"中显示空间旋转时进行的所有操作。

（b）平面旋转。在可选元素列表栏 B 中选择欲进行平面旋转的基准元素，在平面旋转轴向选择下拉菜单 D 中的下拉列表框中选择第二轴（副轴）的方向，单击"平面旋转"，使坐标系第二轴（副轴）方向为所选基准元素的法向矢量方向。此时，在"操作步骤信息"栏中显示平面旋转时进行的所有操作。

（c）偏置。在可选元素列表栏 B 中选择欲进行偏置的元素，在偏置轴向选择中选择 X、Y、Z 或自动，表示以该元素坐标的所选分量为值进行坐标系偏置，偏置时该元素坐标没有分量，即偏置为零，若有分量则输入分量值，单击"偏置"进行偏置。若是选中自动则 X、Y、Z 同时偏置。此时，在"操作步骤信息"栏中显示偏置时进行的所有操作。

说明：偏置值为零时只使用轴向指令；偏置值不为零时，轴向指令和偏置值指令一起使用。

【6】手动测量特征元素

① 手动测量点。用手动方式移动机器在被测工件的表面采点，用鼠标单击基本元素工具条上相应的按钮或单击"基本测量"菜单的"几何元素"子菜单中的"点"，如图 3-29 所示。

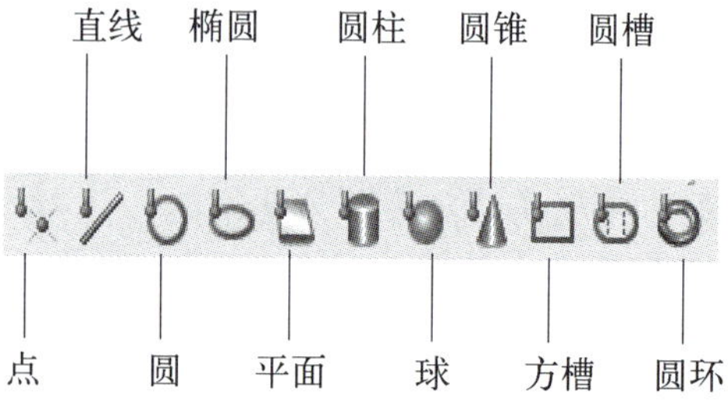

打开"点"对话框如图 3-30 所示，单击"确定"按钮，软件将测点计算为一个几何点并在测量结果区或 CAD 界面显示，同时其结果自动被保存起来以备此后调用。

测量结果如图 3-31 所示，显示的是直角坐标系下计算的点，X 显示区域的值是被测点的 X 坐标值；Y 显示区域的值是被测点的 Y 坐标值；Z 显示区域的值是被测点的 Z 坐标值。当被测点为矢量点时，ND 是被测矢量点的偏差；若为空间点，则没有 ND 项。

图 3-29 基本元素工具条和基本测量菜单

② 手动测量直线。用手动方式移动机器在被测工件的表面完成测点的采集，用鼠标单击基本元素工具条（图 3-29）上相应的按钮或依次单击"基本测量"菜单的"几何元素"子菜单中"直线"。打开"直线"对话框如图 3-32 所示，单击"确定"按钮，软件将测点计算为一条直线并在测量结果区或 CAD 界面显示，同时其结果自动被保存起来以备此后调用。确定直线最少采集 2 个点，采点的顺序决定了直线的方向。当可用测点数多于 2 时，AC-DMIS 软件将按最小二乘法计算出实际直线的最佳拟合直线作为测得直线。

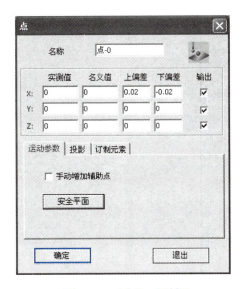

图 3-30 "点"对话框

图 3-31 测量结果

③ 手动测量平面。用手动、指令驱动或程序驱动等方式移动机器在被测工件的表面完成测点的采集，用鼠标单击基本元素工具条（图3-29）上相应的按钮或依次单击"基本测量"菜单的"几何元素"子菜单中的"平面"。打开"平面"对话框如图3-33所示，单击"确定"按钮，软件将测点计算为一个平面并在测量结果区或 CAD 界面显示，同时其结果自动被保存起来以备此后调用。确定平面采集的最少点数为3，当可用测点数多于3时，AC-DMIS 软件将按最小二乘法计算出实际平面的最佳拟合平面作为测得平面。

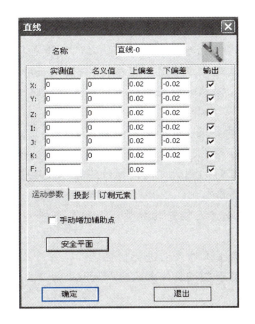

图 3-32 "直线"对话框

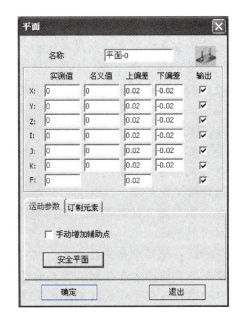

图 3-33 "平面"对话框

④ 手动测量圆。用手动、指令驱动或程序驱动等方式移动机器在被测工件的表面完成测点的采集（最少3点），用鼠标单击基本元素工具条（图3-29）上相应的按钮或依次单击"基本测量"菜单的"几何元素"子菜单中的"圆"。打开"圆"对话框如图3-34所示，单击"确定"按钮，软件将测点计算为一个圆并在测量结果区或 CAD 界面显示，同时其结果自动被保存起来以备此后调用。若是斜面圆，采点时因不能保证所测点在同一个圆截面内，这种情况下，可通过选择"投影"对圆进行计算。操作时，先测圆所在平面，确定圆采集的最少点数为3。

图 3-34 "圆"对话框

四、三坐标测量机的日常维护及保养

三坐标测量机作为一种精密的测量仪器，如果维护及保养做得及时，就能延长机器的使用寿命，并使精度得到保障、故障率降低。现列出测量机简单的维护及保养规程。

【1】工件与测针的准备

① 工件的准备。被测工件在测量之前首先应检查有无影响装夹定位或测量的毛刺、划痕、变形、锈蚀或污迹等情况，如果有则应在不破坏其固有加工状态的前提下，进行打磨去毛刺、清洗、擦拭等处理，以满足测量需要。这些工作对影像测量尤为重要，否则会划伤玻璃工作台或造成影像不清等问题。

被测工件中如夹杂过多的切屑等脏物，也可能被带到机器导轨与轴承或气浮块之间，造成损害，因此在装上机器前都应彻底清除。清洗一般用洁净的高标号汽油或无水乙醇，但对特殊材料制造的或做过特殊表面处理的被测件，应注意清洗剂不能对工件造成伤害。擦拭一般应用绸布、棉纱、脱脂棉等，注意擦拭后应使工件表面干净且不带织物的纤维。

② 测针的选配、组合及安装。应根据被测工件的具体测量要求选配合适的测针或测针组合，所考虑的因素主要为测针长度及有效测量长度、测球直径、测针组合形式、加长杆的选用等，最终选择的测针组合既要符合测头座及测头的负载要求，又便于实际测量。配好的测针之间的螺纹连接以及测针组与测头间的螺纹连接不能松动，但也不要太紧，以免对测头造成损伤。

为了保证测针触点的精确性，应尽量选择短测针，尽量减少连接件的数量，选用尽可能大的测球，选择适当材料的测球。

红宝石测球：适用于大多数情况，但不适用于在铝制和铸铁工件表面进行扫描。

氮化硅测球：适用于在铝制工件表面进行扫描，但不适用于在钢工件表面进行扫描。

氧化锆测球：适用于在铸铁工件表面进行扫描。

③ 工件的装夹。工件装夹时应做到位置适当，定位可靠，便于测量，减小变形，安全度高。

【2】开机前的准备

① 三坐标测量机对环境要求比较严格，应按合同要求严格控制温度及湿度；

② 三坐标测量机使用气浮轴承，理论上是永不磨损结构，但是如果气源不干净，有油水或杂质，就会造成气浮轴承阻塞，严重时会造成气浮轴承和气浮导轨划伤，后果严重。所以每天要检查机床气源，定期清洗过滤器及油水分离器。还需注意机床气源前级空气来源（空气压缩机或集中供气的储气罐）也要定期检查；

③ 三坐标测量机的导轨加工精度很高，与空气轴承的间隙很小，如果导轨上面有灰尘或其他杂质，就容易造成气浮轴承和导轨划伤。所以每次开机前应清洁机器的导轨，金属导轨用航空汽油擦拭（120

或180号汽油），花岗岩导轨用无水乙醇擦拭；

④ 在保养过程中不能给任何导轨上任何性质的油蜡；

⑤ 定期给光杠、丝杠、齿条加少量防锈油；

⑥ 长时间没有使用三坐标测量机时，在开机前需做好准备工作：控制室内的温度和湿度（24h以上），在南方湿润的环境中还应该定期把电控柜打开，使电路板得到充分的干燥，避免电控系统由于受潮后突然加电而损坏。然后检查气源、电源是否正常；

⑦ 开机前检查电源，如有条件应配置稳压电源，定期检查接地，接地电阻小于4Ω。

【3】工作过程中注意事项

① 将零件在放到工作台上检测之前，应先清洗去毛刺，防止在加工完成后零件表面残留的冷却液及加工残留物影响测量机的测量精度及测头的使用寿命；

② 零件在测量之前应保持室内恒温，如果温度相差过大就会影响测量精度；

③ 大型及重型零件在放置到工作台上时应轻放，以避免造成剧烈碰撞，致使工作台或零件损伤。必要时可以在工作台上放置一块厚橡胶以防止碰撞；

④ 小型及轻型零件放到工作台后，应紧固后再进行测量，否则会影响测量精度；

⑤ 在工作过程中，测座在转动时（特别是带有加长杆的情况下）一定要远离零件，以避免碰撞；

⑥ 在工作过程中如果发生异常响声或其他应急事件，切勿自行拆卸及维修，应及时与维修人员联系。

【4】操作结束后维护保养

① 应将Z轴移动到下方，但需避免测头撞到工作台；

② 工作完成后要清洁工作台面；

③ 检查导轨，如有水印请及时检查过滤器。如有划伤或碰伤也请及时与维修人员联系，避免造成更大损失；

④ 工作结束后将机器总气源关闭。

拓展训练

1. 当被测量的物体厚度为2.46mm时，图3-35主尺上的哪一根刻度线与游标上刻度线相重合？

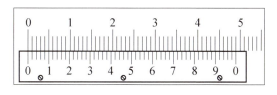

图3-35 厚度测量值

2. 读出图3-36零件测量值。

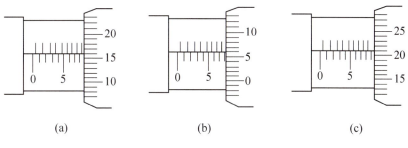

图3-36 零件测量值

3. 试从 83 块一套量块中组成尺寸为以下几种。
（1）29.875　（2）48.78　（3）40.99　（4）10.56

4. 用游标卡尺、外径千分尺、百分表等常用测量工具进行长度、内径、外径、深度、角度等元素测量，并判断零件是否合格。

5. 进行三坐标测量机操作及零件尺寸测量练习，并判断零件是否合格。

6. 完成图 3-37 所示零件的加工。其材料为塑料板，毛坯为六面已经加工好的 150mm×70mm×32mm 的长方料，单件生产。

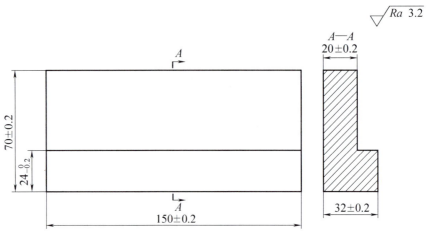

图 3-37　零件图

任务四　圆弧沟槽的铣削加工

 任务目标

【知识目标】

1. 理解并掌握数控机床的坐标系统。
2. 掌握数控编程规则。
3. 掌握数控加工手工编程的指令格式。
4. 理解刀具半径补偿 G41、G42、G40 指令的格式及含义；理解刀具半径补偿方向的判别原则；理解建立刀补和取消刀补的过程。
5. 熟悉产品技术准备和数控加工过程。

【能力目标】

1. 能根据被加工零件的形状特点和尺寸建立编程坐标系。
2. 能独立完成工件坐标系建立。
3. 能根据编程规则，通过编程指令正确编制平面、台阶、直线沟槽和圆弧沟槽的数控加工程序。
4. 能在编程过程中正确建立刀补和取消刀补。
5. 能够运用数控加工程序进行圆弧沟槽加工，并达到加工要求。

【思政与素质目标】

培养吃苦耐劳、团结协作的工作精神，弘扬爱国主义，促进学生德技并修。

 任务实施

【任务内容】

现有一毛坯为六面已经加工好的 100mm×100mm×20mm 的塑料板，试铣削成如图 4-1 所示的零件。

【工艺分析】

4.1　零件图分析

① 圆弧沟槽中心线由一个 R40 的整圆、两个 R10 的 3/4 圆弧组成，沟槽宽 10mm、深 2mm。

② 零件外界没有与圆弧沟槽相通的沟槽。

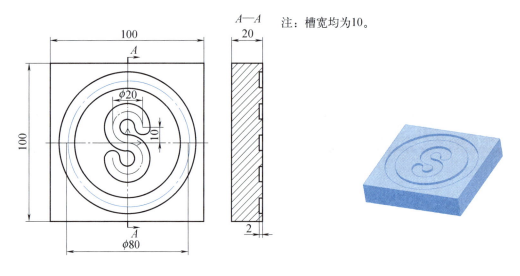

图 4-1 圆弧沟槽工件的加工示例

4.2 确定装夹方式和加工方案

① 装夹方式：采用机用平口钳装夹，底部用等高垫块垫起。
② 加工方案：一次装夹完成所有内容的加工。

4.3 加工刀具选择

选择使用 $\phi 10mm$ 的键槽铣刀。

4.4 走刀路线确定

① 建立工件坐标系的原点：设在工件上表面的对称中心处。
② 确定起刀点：设在工件上表面对称中心的上方 100mm 处。
③ 确定下刀点：设在 c 点上方 100mm（X0 Y-40 Z100）处。
④ 确定走刀路线：O-c-c-a-O-b-O，如图 4-2 所示。

4.5 选定切削用量

① 背吃刀量：$a_p=2mm$。
② 主轴转速：$n=1000v/\pi D=1194 \approx 1200r/min$（$v=30m/min$）。
③ 进给量：$f=nzf_z=108 \approx 120mm/min$（$n=1200$，$z=2$，$f_z=0.05mm/z$）。

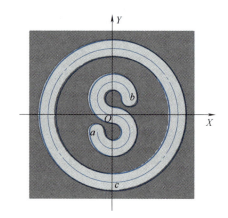

图 4-2 走刀路线示意图

【编写技术文件】

4.6 工序卡（见表 4-1）

表 4-1 本任务工件的工序卡

材料	塑料板	产品名称或代号		零件名称		零件图号	
		N0040		圆弧沟槽		XKA004	
工序号	程序编号	夹具名称		使用设备		车间	
0001	O0040	机用平口钳		VMC850-E		数控车间	
工步号	工步内容	刀具号	刀具规格 ϕ/mm	主轴转速 n/(r/min)	进给量 f/(mm/min)	背吃刀量 a_p/mm	备注
1	铣沟槽		ϕ10mm 键槽铣刀	1200	120	2	自动 O0040
编制		批准		日期		共1页	第1页

4.7 刀具卡（见表 4-2）

表 4-2 本任务工件的刀具卡

产品名称或代号		N0040	零件名称	圆弧沟槽		零件图号		XKA004
刀具号	刀具名称	刀具规格 ϕ/mm	加工表面	刀具半径 补偿号 D	补偿值 /mm	刀具长度 补偿 H	补偿值 /mm	备注
	键槽铣刀	10	圆弧沟槽					基准刀
编制		批准		日期			共1页	第1页

4.8 编写参考程序

① 计算节点坐标（见表 4-3）。

表 4-3 节点坐标

节点	X 坐标值	Y 坐标值	节点	X 坐标值	Y 坐标值
O	0	0	b	10	10
a	−10	−10	c	0	−40

② 编制加工程序（见表 4-4）。

表 4-4 本任务工件的参考程序

程序段号	程序内容	说明
	程序号：O0040	
N10	G17 G21 G54 G90 G94;	调用工件坐标系，绝对坐标编程
N20	S1200 M03;	开启主轴
N30	G00 Z100;	将刀具快速定位到初始平面
N40	X0 Y−40;	快速定位到下刀点
N50	Z5;	快速定位到 R 平面
N60	G01 Z−2 F120;	进刀到 c 点
N70	G03 J40;	铣削 R40 整圆
N80	G00 Z5;	快速定位到 R 平面
N90	X−10 Y−10;	铣削工件到 a 点
N100	G01 Z−2 F120;	进刀到 a 点
N110	G03 X0 Y0 R−10;	铣削到 O 点
N120	G02 X10 Y10 R−10;	铣削到 b 点
N130	G00 Z100;	返回到安全高度
N140	X0 Y0;	返回到工件原点
N150	M05;	主轴停止
N160	M30;	程序结束

【零件加工】

加工操作同前面任务，不再赘述。

知识拓展
——机床坐标系统

数控机床加工时的横向、纵向等进给量都是以坐标数据来进行控制的。如数控车床属于两坐标轴控制，数控铣床则是三坐标轴控制，还有多轴加工中心机床等。在数控编程时，为了描述机床的运动，简化程序编制的方法及保证记录数据的互换性，数控机床的坐标系和运动方向均已标准化，ISO和我国都拟定了命名的标准。

一、机床坐标系的确定

① 机床相对运动的规定。在机床上，始终认为工件静止，而刀具是运动的。

② 机床坐标系的规定。在数控机床上，机床的动作是由数控装置来控制的，为了确定数控机床上的成形运动和辅助运动，必须先确定机床上运动的位移和运动的方向，这就需要通过坐标系来实现，这个坐标系被称为机床坐标系。

标准机床坐标系中X、Y、Z坐标轴的相互关系用右手笛卡儿直角坐标系决定：伸出右手的大拇指、食指和中指，并互为90°，则：

大拇指——X坐标；

食指——Y坐标；

中指——Z坐标；

大拇指的指向——X坐标的正方向；

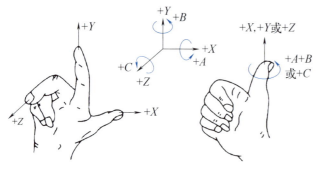

图4-3 右手笛卡儿直角坐标系

食指的指向——Y坐标的正方向；

中指的指向——Z坐标的正方向。

围绕X、Y、Z坐标旋转的旋转坐标分别用A、B、C表示，根据右手螺旋定则，大拇指的指向为X、Y、Z坐标中任意轴的正向，则其余四指的旋转方向即为旋转坐标A、B、C的正向，如图4-3所示。

③ 坐标轴正方向的规定：增大刀具与工件距离的方向即为各坐标轴的正方向。

二、数控机床各坐标轴方向的确定

在确定机床坐标轴时，一般先确定Z轴，然后确定X轴和Y轴，最后确定其他轴。

① 先确定Z轴：以平行于机床主轴的刀具运动坐标为Z轴，Z轴正方向是使刀具远离工件的方向。对于立式铣床或立式加工中心，主轴箱的上、下或主轴本身的上、下即可定为Z轴，且是向上为正，若主轴不能上下动作，则工作台的上、下便为Z轴，此时工作台向下运动的方向定为正向；对于卧式铣床或卧式加工中心，一般是工作台离开主轴前移为+Z方向。

② 再确定X轴：X轴为水平方向且垂直于Z轴并平行于工件的装夹面。对于立式铣床或立式加工中心，工作台往左（刀具相对向右）移动为+X方向。对于卧式铣床或卧式加工中心，工作台往右（刀具相对向左）移动为+X方向。

③ 最后确定Y轴：在确定了X、Z轴的正方向后，即可按右手定则定出Y轴正方向。对于立式铣床或立式加工中心，工作台往前（刀具相对向后）为+Y方向，如图4-4所示。

对于卧式铣床或卧式加工中心，主轴箱带动刀具向上移动为 +Y 方向。

三、机床原点的设置

机床原点是指在机床上设置的一个固定点，即机床坐标系的原点。它在机床装配、调试时就已确定下来，是数控机床进行加工运动的基准参考点。机床坐标系的原点是由厂家确定的，用户一般不可更改。

（1）数控车床的原点

在数控车床上，机床原点一般取在卡盘端面与主轴中心线的交点处，如图 4-5 所示。同时，通过设置参数的方法，也可将机床原点设定在 X、Z 坐标的正方向极限位置上。

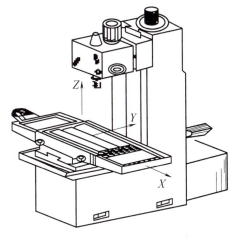

图 4-4　立式铣床的坐标轴确定

（2）数控铣床的原点

在数控铣床上，机床原点一般取在 X、Y、Z 坐标的正方向极限位置上，如图 4-6 所示。

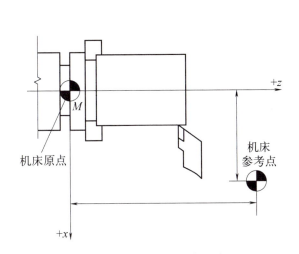

图 4-5　数控车床的机床原点

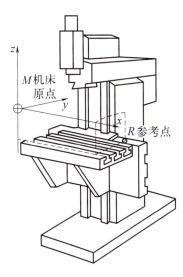

图 4-6　数控铣床的机床原点

四、机床参考点

数控机床开机时，必须先确定机床原点，为刀具（或工作台）移动提供基准。而确定机床原点的运动就是做回零操作，使刀具或工作台退到机床参考点。

机床参考点是机床上的一个固定点，机床参考点对机床原点的坐标是一个已知定值，已由机床制造厂测定后输入数控系统，并且记录在机床说明书中，用户不得更改。其位置由机械挡块或行程开关来确定。

回零操作就是根据机床参考点在机床坐标系中的坐标值间接确定机床原点的位置。当回零操作完成后，显示器即显示出机床参考点在机床坐标系中的坐标值，表明机床坐标系已自动建立，这样通过确认参考点，就确定了机床原点。

一般数控车床、数控铣床的机床原点和机床参考点位置如图 4-5 和图 4-6 所示。也有些数控机床的机床原点与机床参考点重合。

五、编程坐标系与工件坐标系

编程人员在编程时设定的坐标系。在进行数控编程时，首先要根据被加工零件的形状特点和尺寸，在零件图纸上建立编程坐标系，使零件上的所有几何元素都有确定的位置，同时也决定了在数控加工

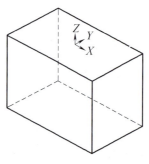

时，零件在机床上的安放方向。编程坐标系的建立，包括坐标原点的选择和坐标轴的确定。

【1】编程坐标系原点选择

编程坐标系的原点称为工件原点或编程原点。编程原点在工件上的位置虽可任意选择，但一般应遵循以下原则。

① 编程原点选在零件图样的设计基准或工艺基准上，以利于编程。

② 编程原点尽量选在尺寸精度高、粗糙度值低的工件表面上，以利于保证零件加工精度。

③ 编程原点最好选在工件的对称中心上，如图4-7所示。

④ 要便于测量和检验。

图 4-7 对称工件的编程坐标系原点设置

【2】编程坐标系坐标轴的确定

坐标原点选定后，接着就是坐标轴的确定。编程坐标系坐标轴确定原则为：根据工件在机床上安放的方向与位置决定 Z 轴方向，即工件装夹在数控机床上时，编程坐标系 Z 轴与机床坐标系 Z 轴平行，正方向一致，在工件上通常与工件主要定位支撑面垂直；然后，选择零件尺寸较长方向或切削时的主要进给方向为 X 轴方向，在机床装夹后，其方位与机床坐标系 X 轴方位平行，正方向一致；过原点与 X、Z 轴垂直的轴为 Y 轴，并根据右手定则确定 Y 轴的正方向。

【3】工件坐标系的确定

工件坐标系是指以确定的加工原点为基准所建立的坐标系。工件原点也称为程序原点，是指零件被装夹好后，相应的编程原点在机床坐标系中的位置。在加工过程中，数控机床是按照工件装夹好后所确定的加工原点位置和程序要求进行加工的。

【4】工件坐标系的建立

参照任务二。

——手工编程（基本编程指令）

一、数控程序的结构（图4-8）

二、常用数控指令介绍

1. 单位设定：G20、G21

G20——英制单位输入。

G21——米制单位输入。

2. 坐标平面选择指令 G17/G18/G19

G17——指定 XY 坐标平面。

G18——指定 XZ 坐标平面。

G19——指定 YZ 坐标平面。

3. 绝对值编程与增量值编程指令 G90/G91

G90——绝对值编程指令。

G91——增量值编程指令。

4. 工件坐标系建立指令 G92/G54～G59

G92——工件坐标系设置预置指令。

G54～G59——工件坐标系选择指令。

G92 与 G54～G59 的区别：

G92 是在程序中设定的坐标系，使用 G92 的程序结束后，若机床没有回到 G92 设定的工件坐标系

图 4-8 数控程序结构

原点位置时，再次启动此程序必须重新设置新的工件坐标系原点，不然机床会把当前所在位置设为新的工件坐标系原点，这样易发生事故，所以一定要慎用。

G54～G59是调用加工前已设定好的坐标系。用了G54～G59就没有必要再使用G92，否则G54～G59会被替换而不起作用，应当避免。

5. 辅助功能M指令

M00——程序暂停，执行到此时机床进给停止，主轴停转。只有按【循环启动】按钮后，才能继续执行后面的程序段。主要用于操作人员想在加工中使机床暂停用于检验工件、调整加工参数、排屑等。

M01——程序选择性暂停，只有当控制面板上的【选择停止】键处于"ON"状态时此功能才能有效，否则该指令无效，执行后效果与M00相同。

M02——程序结束，执行到此指令时机床进给停止，主轴停止，冷却液关闭，但程序光标仍停在程序末端。M02指令写在最后一个程序段中，非模态指令。

M03——主轴正转，模态指令。

M04——主轴反转，模态指令。

M05——主轴停止，模态指令。

M06——换刀。手动或自动换刀指令，不包括刀具选择，也可以自动关闭冷却液和主轴。非模态指令。

M08——冷却液开，模态指令。

M09——冷却液关，模态指令。

M30——程序结束，与M02功能相似，但M30表示工件加工已完成，执行后结束程序并返回至程序头，停止主轴、冷却液和进给。M30指令写在最后一个程序段中，非模态指令。

6. 主轴功能S代码

S指令指定主轴转速，模态指令，由地址符S和后面的数字组成。对不同档次的数控机床S指令的含义不同，有的表示主轴转速，单位为r/min，有的表示转速挡位代号。例如S1000表示主轴转速为1000r/min，S2表示主轴第2挡转速。

7. 进给功能F代码

在G01、G02、G03和循环指令程序段中，用以指定刀具的切削进给速度，模态指令，由地址符F和后面的数字组成。通常单位为mm/min，例如F100表示进给速度为100mm/min。

8. 刀具功能T代码

刀具功能包括刀具选择功能和刀具补偿功能。在有自动换刀功能的数控机床上，用地址符T和后面的数字来指定刀具号和刀具补偿号。T后面的数字的位数和定义由不同的机床厂商自行确定。通常用两位或四位，例如T0101表示用1号刀并调用1号刀补值。

9. 准备功能G指令

准备功能指令也称G指令，是建立机床工作方式的一种指令，用字母G加数字构成。

【1】快速定位指令G00

该指令控制刀具以点定位，从当前位置快速移动到坐标系中另一指定位置，其移动速度不用程序指令F设定，而是由厂家预先设定。

指令格式：G00 X__ Y__ Z__；

①刀具从上向下移动时：编程格式：G00 X__ Y__；
　　　　　　　　　　　　　　　　　　Z__；

②刀具从下向上移动时：编程格式：G00 Z__；
　　　　　　　　　　　　　　　　　　X__Y__；

指令说明：X、Y、Z——刀具运动目标点坐标。当使用增量编程时，X、Y、Z为目标点相对于刀具当前位置的增量坐标，同时不运动的坐标可以不写。

注意：不能使用G00指令切削工件。

【2】直线插补指令 G01

该指令控制刀具从当前位置沿直线移动到目标点，其移动速度由程序指令 F 控制。它适合加工零件中的直线轮廓。

指令格式：G01 X__Y__Z__F__；

指令说明：

X、Y、Z——刀具运动目标点坐标。当使用增量编程时，X、Y、Z 为目标点相对于刀具当前位置的增量坐标，同时不运动的坐标可以不写。

F——刀具切削时的进给速度。

【3】圆弧插补 G02/G03 指令

G02——按指定进给速度的顺时针圆弧插补。

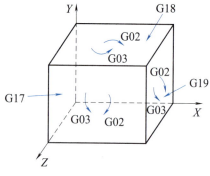

图 4-9 圆弧顺逆方向的判别

G03——按指定进给速度的逆时针圆弧插补。

① 圆弧顺逆方向的判别。沿着不在圆弧平面内的坐标轴，由正方向向负方向看，顺时针方向 G02，逆时针方向 G03，如图 4-9 所示。

② 指令格式。

a. XOY 平面圆弧插补指令。

编程格式 G17 G02（G03）X__Y__R__F__；

或 G17 G02（G03）X__Y__I__J__F__；

b. XOZ 平面圆弧插补指令。

编程格式 G18 G02（G03）X__Z__R__F__；

或 G18 G02（G03）X__Z__I__K__F__；

c. YOZ 平面圆弧插补指令。

编程格式 G19 G02（G03）Y__Z__R__F__；

或 G19 G02（G03）Y__Z__J__K__F__；

指令说明：

F——沿圆弧切向的进给速度。

X、Y、Z——圆弧终点坐标值，如果采用增量坐标方式 G91，X、Y、Z 表示圆弧终点相对于圆弧起点在各坐标轴方向上的增量。

I、J、K——圆弧圆心相对于圆弧起点在各坐标轴方向上的增量，与 G90 或 G91 的定义无关。I、J、K 的值为零时可以省略。在同一程序段中，如果 I、J、K 与 R 同时出现则 R 有效。

R——圆弧半径，当圆弧所对应的圆心角为 0°～180° 时，R 取正值；圆心角为 180°～360° 时，R 取负值。

【4】刀具半径补偿指令 G41/G42/G40

① 刀具半径补偿原理。在进行轮廓铣削编程时，由于铣刀的刀位点在刀具中心，和切削刃不一致，为了确保铣削加工出的轮廓符合要求，编程时就必须在图纸要求轮廓的基础上，整个周边向外或向内预先偏离一个刀具半径值，作出一个刀具刀位点的行走轨迹，求出新的节点坐标，然后按这个新的轨迹进行编程，这就是人工预刀补编程，如图 4-10 所示。

对有刀具半径补偿功能的数控系统，可不必求刀具中心的运动轨迹，直接按零件轮廓轨迹编程，同时在程序中给出刀具半径的补偿指令，这就是机床自动刀补编程。

刀具半径补偿功能要求数控系统能够根据工件轮廓和刀具半径，自动计算出刀具中心轨迹，在编程

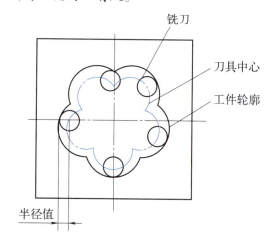

图 4-10 轮廓铣削

时，就可以直接按照零件轮廓编制加工程序。加工时，数控系统能自动计算相对于零件轮廓偏移刀具半径的刀心轨迹。刀具半径补偿指令为 G41/G42/G40，其中，G41/G42 为建立刀具半径的补偿功能；G40 为撤销刀具半径的补偿功能，使刀具中心与编程轨迹重合。

② 刀具半径左、右补偿的判断。如图 4-11（a）所示，沿刀具进给方向看，刀具中心在零件轮廓左侧，则为刀具半径左补偿，用 G41 指令；如图 4-11（b）所示，沿刀具进给方向看，刀具中心在零件轮廓右侧，则为刀具半径右补偿，用 G42 指令。

③ 建立刀具半径补偿 G41/G42 指令。

指令格式：

G41 G00（G01）X__ Y__ D__;
G42 G00（G01）X__ Y__ D__;

指令说明：

X、Y——刀具移动至工件轮廓前点的坐标值。

D——刀具半径补偿寄存器地址符，寄存器存储刀具半径补偿值。

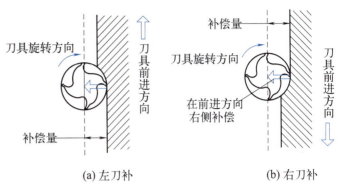

图 4-11 刀补方向

注意：必须通过 G00 或 G01 运动指令建立刀具半径补偿。

④ 取消刀具半径补偿 G40 指令。

指令格式：

G00（G01）G40 X__ Y__;

指令说明：

X、Y——刀具轨迹中取消刀具半径补偿点的坐标值。必须通过 G00 或 G01 运动指令取消刀具半径补偿。G40 必须和 G41 或 G42 成对使用。

⑤ 刀具半径补偿的工作过程。

刀具半径补偿格式：

G17/G18/G19 G41/G42 G00/G01 X__ Y__ Z__ F__ D__;　（刀补建立）
....　　　　　　　　　　　　　　　　　（刀补进行）
G40 G00/G01 X__ Y__ Z__;　　　　　　　　　　　　　（刀补取消）

其中：

G17/G18/G19——指定补偿平面。

G00/G01——实现插补。

X、Y、Z——刀补建立或取消时终点坐标值。

F——进给速度。

D——补偿寄存器编号。

G40——取消刀具半径补偿。

刀具半径补偿的过程分为三步

a. 刀补的建立。在刀具从起点接近工件时，刀心轨迹从与编程轨迹重合过渡到与编程轨迹偏离一个偏置量的过程。

b. 刀补进行。刀具中心始终与编程轨迹相距一个偏置量直到刀补取消。

c. 刀补取消。刀具离开工件，刀心轨迹要过渡到与编程轨迹重合的过程。

⑥ 刀具半径补偿参数输入。编程时，使用 D 代码（D01～D99）选择刀补表中对应的半径补偿值。地址 D 所对应的偏置存储器中存入的偏置值通常指刀具半径值。一般情况下，为防止出错，最好采用相同的刀具号与刀具偏置号。如图 4-12 所示为 FANUC 0i 数控系统的刀具半径补偿参数输入界面，加工前，刀具补偿参数设定方法是在刀具补偿对应的形状（D）中输入刀具的直径，而不是半径，在补偿指令中它会自动计算成半径。

图 4-12 刀具半径补偿参数的设置

⑦ 刀具半径补偿指令使用的注意事项。

a. 建立补偿的程序段，必须是在补偿平面内不为零的直线移动。

b. 建立补偿的程序段，一般应在切入工件之前完成。

c. 撤销补偿的程序段，一般应在切出工件之后完成。

d. 在进行刀具半径补偿前，必须用 G17、G18 或 G19 指定刀具补偿在哪个平面上进行。平面选择的切换必须在补偿取消的方式下进行，否则机床将产生报警。

e. 刀补的引入和取消要求在 G00 或 G01 程序段进行，不要在 G02、G03 程序段上进行。

f. 当刀补数据为负值时，则 G41、G42 的功能互换。

g. G41、G42 指令不要重复规定，否则会产生一种特殊的补偿方式。

h. G40、G41、G42 都是模态代码，可以相互注销。

⑧ 刀具半径补偿中过切的产生。

a. 刀具半径大于所加工工件内轮廓转角，如图 4-13（a）所示，指令的圆弧半径小于刀具半径时，若内侧补偿时会产生过切，因此在其前面的程序段开始后报警停止，但是在最前面的程序段单段停止时，因为移动到了其程序段的终点，可能会出现过切。

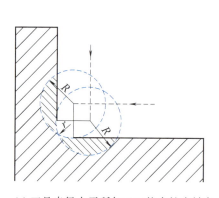
(a) 刀具半径大于所加工工件内轮廓转角

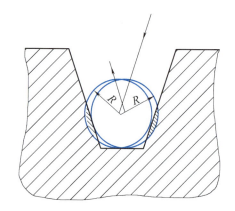
(b) 刀具直径大于所加工沟槽

图 4-13 过切的产生

b. 刀具直径大于所加工沟槽。如图 4-13（b）所示，由于使用刀具半径补偿后新形成的刀具中心轨迹与编写程序的轨迹方向相反，这时会产生过切。

⑨ 刀具半径补偿的应用。

a. 刀具因磨损、重磨或更换新刀后，引起刀具半径的改变，这时不需修改程序，只要在刀具参数设置中输入变化后的刀具半径即可。

b. 在同一程序、同一刀具的前提下，利用刀具半径补偿实现粗、精加工。

【5】刀具长度补偿指令 G43/G44/G49

刀具长度补偿指令用于刀具的轴向补偿，使刀具沿轴向的位移在编程位移的基础上加上或减去补偿值，即刀具 Z 向实际位移量 = 编程位移量 ± 补偿值。

刀具长度补偿指令采用 G43、G44、G49，其中 G43、G44 为启用刀具长度补偿，G43 为刀具长度正补偿，刀具 Z 向实际位移量 = 编程位移量 + 补偿值；G44 为刀具长度负补偿，刀具 Z 向实际位移量 = 编程位移量 - 补偿值；H 为刀具长度补偿值寄存器的地址号，刀具长度补偿值存于此。G49 为刀具长度补偿撤销指令。

【6】子程序

① 子程序指令定义。编制加工程序有时会遇到这种情况：一组程序段在一个程序中多次出现，或者在几个程序中要使用它。我们可以把这组程序段摘出来，命名后单独储存，这组程序段就是子程序。利用子程序可简化主程序的编制，缩短程序长度，提高编程效率。子程序可以被主程序调用，也可被另一子程序调用。

② 子程序调用 M98/M99 指令。

a. 调用子程序 M98。

指令格式：M98 P×××× ××××；

其中，在地址 P 后面的 8 位数字中，前 4 位表示子程序调用次数，后 4 位表示子程序名。调用次数前面的 0 可以省略不写；当调用次数为 1 时，前 4 位数字可省略。

M98 P31002；表示调用 O1002 号子程序 3 次。

M98 P1003；表示调用 O1003 号子程序 1 次。

M98 P50004；表示调用 O0004 号子程序 5 次。

b. 子程序调用结束，并返回主程序 M99。

指令格式：M99；

c. 子程序编程应用格式。在 FANUC 0i-MC 系统中，子程序与主程序一样，必须建立独立的文件名，但程序结束必须用 M99 结束。

说明：

（a）主程序结束指令作用是结束主程序、让数控系统复位，其指令已经标准化，各系统都用 M02 或 M30。子程序的结束指令为 M99。

（b）子程序结束指令作用是结束子程序、返回主程序或上一层子程序。

（c）子程序可扩大批量、减少编程量、提高经济效益。在成组加工中，将零件进行分类，对这一类零件编制加工程序，而不需要对每一个零件都编一个程序。

③ 子程序的应用。

a. 零件上有若干处相同的轮廓外形，在这种情况下只编写一个加工该轮廓形状的子程序，然后用主程序调用该子程序就可以了。

b. 加工中反复出现有相同轨迹的走刀路线，被加工的零件需要刀具在某一区域内分层或分行反复走刀，走刀轨迹总是出现某一特定的外形，采用子程序比较方便，此时通常要以增量方式编程。

c. 程序的内容具有相对的独立性，在加工较复杂的零件时，往往包含很多独立的工序，有时工序之间的调整也是容许的，为了优化加工顺序，把每一个工序编成一个独立子程序，主程序中只需加进换刀和调用子程序等指令即可。

拓展训练

完成图 4-14 所示零件的加工。其材料为塑料板，毛坯为六面已经加工好的 80mm×80mm×30mm 的长方料，单件生产。

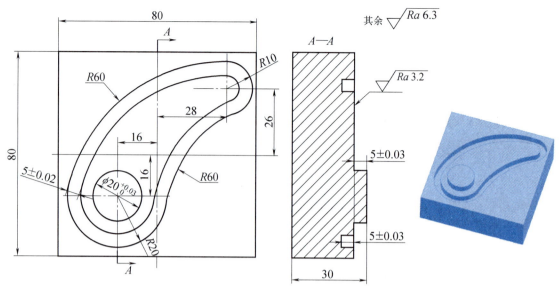

图 4-14 零件图

任务五　外轮廓铣削加工

 任务目标

【知识目标】

1. 掌握机械零件的常用材料、常用热处理方法。
2. 清楚零件图尺寸分析的内容。
3. 理解零件结构工艺性分析要考虑的因素。
4. 掌握毛坯的类型、毛坯选择原则、毛坯选择具体考虑因素。
5. 熟悉产品技术准备和数控加工过程。

【能力目标】

1. 能读懂中等复杂程度的零件图。
2. 能合理选择毛坯。
3. 能根据编程规则，通过编程指令正确编制外轮廓的数控加工程序。
4. 能够运用数控加工程序进行外轮廓加工，并达到加工要求。

【思政与素质目标】

弘扬劳动光荣、技能宝贵、创造伟大的时代风尚。

 任务实施

【任务内容】

完成图 5-1 所示连杆零件的加工。其材料为 45 钢，毛坯为六面已经加工好的 124mm×50mm×22mm 的长方料，单件生产，Ra 为 3.2μm。

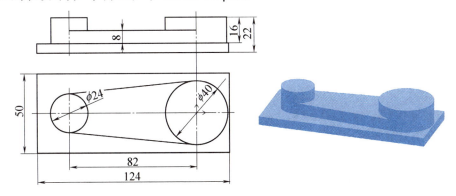

图 5-1　连杆零件图

【工艺分析】

5.1 零件图分析

① 该任务为一个连杆零件的外轮廓，包括 16mm 凸台加工和 8mm 凸台加工。
② 该工件的表面粗糙度 Ra 为 3.2μm，加工中安排粗铣加工和精铣加工。

5.2 确定装夹方式和加工方案

① 装夹方式：连杆零件毛坯用虎钳装夹，底部用垫铁支撑。
② 加工方案：凸台轮廓的粗加工采用分层铣削的方式。零件的粗、精加工，采用同一把刀具，同一加工程序，通过改变刀具半径补偿值的方法来实现。粗加工单边留余量 0.2mm。

5.3 加工刀具选择

选择使用 ϕ20mm 立铣刀，粗铣及精铣平面。

5.4 走刀路线确定

① 建立工件坐标系的原点：设在工件上表面的对称几何中心上。
② 确定起刀点：设在工件上表面对称中心的上方 50mm 处。
③ 确定下刀点：粗铣高度为 16mm 凸台时设在 A 点上方 50mm（X101 Y-20）处；粗铣高度为 8mm 凸台时设在（X10 Y-35）上 50mm 处。
④ 确定走刀路线。

a. 16mm 凸台粗加工。具体加工路线如图 5-2 所示。加工路线：A—B—C—D—E—F—G—H—I，逆铣加工。

各点坐标为：A（101，-20）、B（81，-20）、C（62，0）、D（39.049，19.905）、E（-42.171，11.943）。

b. 8mm 凸台粗加工。加工路线如图 5-3 所示。分别按照刀具路径 1、2、3 完成零件的粗加工。

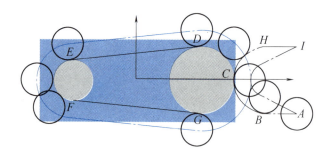
图 5-2　16mm 凸台粗加工路线

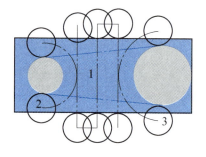
图 5-3　8mm 凸台粗加工路线

c. 轮廓精加工。轮廓的精加工同样采用切向切入和切向切出，利用刀具半径补偿进行零件的精加工。

【编写技术文件】

5.5 工序卡（见表5-1）

表5-1 本任务工件的工序卡

材料	45钢	产品名称或代号		零件名称		零件图号	
		N0060		连杆		XKA006	
工序号	程序编号	夹具名称		使用设备		车间	
0001	O0060	平口钳装夹		VMC850-E		数控车间	
工步号	工步内容	刀具号	刀具规格 ϕ/mm	主轴转速 n/(r/min)	进给量 f/(mm/min)	背吃刀量 a_p/mm	备注
1	粗铣16mm凸台	T01	ϕ20mm立铣刀	320	80	4	
2	粗铣8mm凸台	T01	ϕ20mm立铣刀	320	80	4	自动O0060
3	精铣8mm凸台	T02	ϕ20mm立铣刀	480	70	8	
4	精铣16mm凸台	T02	ϕ20mm立铣刀	480	70	8	
编制		批准		日期		共1页	第1页

5.6 刀具卡（见表5-2）

表5-2 本任务工件的刀具卡

产品名称或代号		N0060	零件名称		连杆		零件图号		XKA006
刀具号	刀具名称	刀具规格 ϕ/mm	加工表面		刀具半径补偿号D	补偿值/mm	刀具长度补偿H	补偿值/mm	备注
T01	立铣刀	20	外轮廓		D01		H01	0	
T02	立铣刀	20	外轮廓		D02		H02		
编制			批准		日期			共1页	第1页

5.7 编写参考程序

（1）16mm凸台粗加工程序（见表5-3）

表5-3 16mm凸台粗加工程序

程序号：O0061		
程序段号	程序内容	说明
N10	G0 G17 G40 G49 G80 G90;	
N20	G0 G90 G54 X101. Y-20. S320 M3;	刀具快速定位，主轴启动
N30	Z50.;	抬刀至安全高度
N40	Z10.;	下刀至参考高度
N50	G1 Z-4. F100.;	Z平面第一层切削
N60	G42 D1 X81. F80.;	建立刀具半径右补偿D1=10.2
N70	G2 X62. Y0. R20.;	切向切入
N80	G3 X39.049 Y19.905 R20.;	
N90	G1 X-42.171 Y11.943;	
N100	G3 Y-11.943 R12.;	

续表

程序段号	程序内容	说明
N110	G1 X39.049 Y-19.905;	
N120	G3 X62. Y0. R20.;	
N130	G2 X81. Y20. R20.;	
N140	G1 G40 X101.;	
N150	Y-20.;	
N160	Z-8. F100.;	Z平面第二层切削
N170	G42 D1 X81. F80.;	
N180	G2 X62. Y0. R20.;	
N190	G3 X39.049 Y19.905 R20.;	
N200	G1 X-42.171 Y11.943;	
N210	G3 Y-11.943 R12.;	
N220	G1 X39.049 Y-19.905;	
N230	G3 X62.Y0. R20.;	
N240	G2 X81. Y20. R20.;	
N250	G1 G40 X101.;	
N260	Y-20.;	
N270	Z-12. F100.;	Z平面第三层切削
N280	G42 D1 X81. F80.;	
N290	G2 X62. Y0. R20.;	
N300	G3 X39.049 Y19.905 R20.;	
N310	G1 X-42.171 Y11.943;	
N320	G3 Y-11.943 R12.;	
N330	G1 X39.049 Y-19.905;	
N340	G3 X62. Y0.R20.;	
N350	G2 X81. Y20. R20.;	
N360	G1 G40 X101.;	
N370	Y-20.;	
N380	Z-16. F100.;	Z平面第四层切削
N390	G42 D1 X81. F80.;	
N400	G2 X62. Y0. R20.;	
N410	G3 X39.049 Y19.905 R20.;	
N420	G1 X-42.171 Y11.943;	
N430	G3 Y-11.943 R12.;	
N440	G1 X39.049 Y-19.905;	
N450	G3 X62. Y0. R20.;	
N460	G2 X81. Y20. R20.;	切向切出
N470	G1 G40 X101.;	取消刀具半径补偿
N480	G0 Z50.;	抬刀至安全高度
N490	M5;	主轴停止
N500	M30;	程序结束

（2）8mm 凸台粗加工程序（见表 5-4）

表 5-4　8mm 凸台粗加工程序

程序段号	程序内容	说明
	程序号：O0062	
N10	G0 G17 G40 G49 G80 G90；	
N20	G0 G90 G54 X10. Y-35. S320 M3；	刀具快速定位，主轴启动
N30	Z50.；	抬刀至安全高度
N40	Z10.；	下刀至参考高度
N50	G1 Z-4. F100.；	刀路 1，Z 平面第一层切削
N60	Y35. F80.；	
N70	X-4.；	
N80	Y-35.；	
N90	X-18.；	
N100	Y32.212；	
N110	Z6. F1000.；	
N120	X10. Y-35.；	
N130	G1 Z-8. F100.；	刀路 1，Z 平面第二层切削
N140	Y35. F80.；	
N150	X-4.；	
N160	Y-35.；	
N170	X-18.；	
N180	Y32.212；	
N190	G0 Z50.；	抬刀至安全高度
N200	X-43.166 Y-22.094；	
N210	Z10.；	下刀至参考高度
N220	G1 Z-4. F100.；	刀路 2，Z 平面第一层切削
N230	G3 X-18.8 Y0. R22.2 F80.；	
N240	X-43.166 Y22.094 R22.2；	
N250	G1 Z6. F1000.；	
N260	Y-22.094；	
N270	G1 Z-8. F100.；	刀路 2，Z 平面第二层切削
N280	G3 X-18.8 Y0. R22.2 F80.；	
N290	X-43.166 Y22.094 R22.2；	
N300	G0 Z50.；	抬刀至安全高度
N310	X38.054 Y-30.056；	
N320	Z10.；	下刀至参考高度
N330	G1 Z-4. F100.；	刀路 3，Z 平面第一层切削
N340	G2 Y30.056 R30.2 F80.；	
N350	G1 Z6. F1000.；	
N360	Y-30.056；	
N370	G1 Z-8. F100.；	刀路 3，Z 平面第二层切削
N380	G2 Y30.056 R30.2 F80.；	
N390	G0 Z50.；	
N400	M5；	主轴停止
N410	M30；	程序结束

(3)轮廓精加工程序(见表5-5)

表5-5 轮廓精加工程序

程序号:O0063

程序段号	程序内容	说明
N10	G0 G17 G40 G49 G80 G90;	
N20	G0 G90 G54 X101. Y20. S480 M3;	刀具快速定位,主轴启动
N30	Z50.;	抬刀至安全高度
N40	Z10.;	下刀至参考高度
N50	G1 Z-8. F100.;	16mm凸台Z平面第一层精修
N60	G41 D1 X81. F70.;	建立刀具半径左补偿 D1=10
N70	G3 X62. Y0. R20.;	切向切入
N80	G2 X39.049 Y-19.905 R20.;	
N90	G1 X-42.171 Y-11.943;	
N100	G2 Y11.943 R12.;	
N110	G1 X39.049 Y19.905;	
N120	G2 X62. Y0. R20.;	
N130	G3 X81. Y-20. R20.;	
N140	G1 G40 X101.;	
N150	Y20.;	
N160	Z-16. F100.;	16mm凸台Z平面第二层精修
N170	G41 D1 X81. F70.;	
N180	G3 X62. Y0. R20.;	
N190	G2 X39.049 Y-19.905 R20.;	
N200	G1 X-42.171 Y-11.943;	
N210	G2 Y11.943 R12.;	
N220	G1 X39.049 Y19.905;	
N230	G2 X62. Y0. R20.;	
N240	G3 X81. Y-20. R20.;	
N250	G1 G40 X101.;	取消刀具半径补偿
N260	G0 Z50.;	抬刀至安全高度
N270	X55.051 Y-61.665;	快速定位,精修8mm凸台
N280	Z10.;	下刀至参考高度
N290	G1 Z-8. F100.;	下刀至切削深度
N300	G41 D1 X57.002 Y-41.76 F70.;	建立刀具半径左补偿 D1=10
N310	G3 X39.049 Y-19.905 R20.;	切向切入
N320	G2 Y19.905 R20.;	
N330	G3 X57.002 Y41.76 R20.;	
N340	G1 G40 X55.051 Y61.665;	
N350	G0 Z50.;	
N360	X-65.978 Y49.801;	
N370	Z10.;	
N380	G1 Z-8. F100.;	
N390	G41 D1 X-64.027 Y29.896 F70.;	
N400	G3 X-42.171 Y11.943 R20.;	

续表

程序段号	程序内容	说明
N410	G2 X-29. Y0. R12.;	
N420	X-42.171 Y-11.943 R12.;	
N430	G3 X-64.027 Y-29.896 R20.;	切向切出
N440	G1 G40 X-65.978 Y-49.801;	取消刀具半径补偿
N450	G00 Z50.;	抬刀至安全高度
N460	M5;	主轴停止
N470	M30;	程序结束

【零件加工】

加工操作同前面任务，不再赘述。

知识拓展

——零件图分析

一、零件材料分析

1. 机械零件常用材料

机械加工中零件常用的材料主要有金属材料、非金属材料和复合材料三种。其中金属材料包括钢、铸铁等黑色金属和铜、铝及其合金等有色金属。非金属材料包括工程塑料、橡胶、玻璃等。复合材料包括纤维增强塑料、金属陶瓷等。

（1）钢

钢是含碳量（质量分数）小于2%的铁碳合金，钢按用途可以分为结构钢、工具钢和特殊钢三种。其中结构钢主要应用于机械零件、工程结构等，工具钢主要应用于刀具、量具、磨具等，特殊钢主要应用于不锈钢、耐热钢、耐酸钢等。

钢按化学成分分为碳素钢即非合金钢、低合金钢和合金钢三种。

① 普通碳素结构钢。

牌号含义：普通碳素结构钢的牌号由代表屈服点的汉语拼音"Q"、屈服点数值（单位为MPa）和质量等级符号（A、B、C、D代表它们冲击试验温度不同，A级是不做冲击；B是20℃常温冲击；C级是0℃冲击；D是-20℃冲击，在不同的冲击温度下，冲击的数值也有所不同）、脱氧方法符号（F、b、z分别表示为沸腾钢、半镇静钢、镇静钢）按顺序组成。

Q235——屈服强度不小于235MPa的碳素结构钢。

Q235B——屈服强度为235MPa，在20℃常温下做冲击测试的普通碳素结构钢。

Q235AF——屈服强度为235MPa，不做抗冲击试验采用沸腾脱氧的普通碳素结构钢。

普通碳素结构钢常见牌号对应的力学性能和用途见表5-6。

表5-6 普通碳素结构钢常见牌号对应的力学性能和用途

牌号	力学性能（不小于）			用途
	抗拉强度 σ_b/MPa	屈服点 σ_s/MPa	伸长率 δ/%	
Q195	315～430	195	33	冲压件、焊接件及受载荷小的机械零件，如垫圈、开口销、地脚螺栓等
Q215	335～450	215	31	焊接件、金属结构件及螺栓、螺母、铆钉、销轴、连杆、支座等受载荷不大的机械零件
Q235	375～500	235	26	
Q255	410～550	255	24	金属结构件及螺栓、螺母、垫圈、楔、转轴、心轴、链轮、吊钩、连杆等受载荷较大的机械零件
Q275	490～630	275	20	

② 优质碳素结构钢。

牌号含义：用两位阿拉伯数字表示优质碳素结构钢，两位阿拉伯数字代表平均含碳量的万分之几。

45钢——平均含碳量为万分之45。

优质碳素结构钢分为低碳钢、中碳钢、高碳钢。低碳钢，含碳量≤0.25%，其强度、硬度低，塑性、焊接性能好；中碳钢，0.25%＜含碳量＜0.6%，其综合性能好，应用最广；高碳钢，含碳量≥0.6%常用于弹性或易磨损元件。

优质碳素结构钢常见牌号对应的力学性能和用途见表5-7。

表5-7 优质碳素结构钢常见牌号对应的力学性能和用途

牌号	力学性能（不小于）			用途
	抗拉强度 σ_b/MPa	屈服点 σ_s/MPa	伸长率 δ/%	
10	335	205	31	冷冲压件、连接件及渗碳零件，如心轴、套筒、螺栓、螺母、吊钩、摩擦片、离合器盘等
20	410	245	25	
30	490	295	21	调制零件，如齿轮、套筒、连杆、轴类零件及连接件等
45	600	355	16	
60	675	400	12	弹簧、弹性垫圈、凸轮及易磨损零件
70	715	420	9	

③ 合金结构钢。

牌号含义：钢号开头的两位数字表示钢的碳含量，以平均碳含量的万分之几表示；钢中主要合金元素，除个别微合金元素外，一般以百分之几表示；当平均合金含量（质量分数）＜1.5%时，钢号中一般只标出元素符号，而不标明含量；当合金元素平均含量≥1.5%、≥2.5%、≥3.5%……时，在元素符号后面应标明含量，可相应表示为2、3、4……；钢中的钒V、钛Ti、铝Al、硼B、稀土RE等合金元素，均属微合金元素，虽然含量很低，仍应在钢号中标出；高级优质钢应在钢号最后加"A"，以区别于一般优质钢。

40Cr——合金结构钢，其平均含碳量为0.40%，主要合金元素铬（Cr）的含量（质量分数）小于1.5%。

45Mn2——合金结构钢，其平均含碳量为0.45%，主要合金元素锰（Mn）的含量（质量分数）约为2%。

合金结构钢常见牌号对应的力学性能和用途见表5-8。

表5-8 合金结构钢常见牌号对应的力学性能和用途

牌号	力学性能（不小于）			用途
	抗拉强度 σ_b/MPa	屈服点 σ_s/MPa	伸长率 δ/%	
20Cr	835	540	10	用于要求心部强度高、承受磨损、尺寸较大的渗碳零件
20Mn2	785	590	10	可代替20Cr钢制造齿轮、轴等渗碳零件
40Cr	980	785	9	用于较重要的调质零件，如连杆、重要齿轮、曲轴等
35SiMn	885	735	15	可代替40Cr钢制造齿轮、轴类零件
65Mn	980	785	8	截面小于20mm的冷卷弹簧
50CrVA	1275	1130	10	大截面高强度弹簧

④ 铸钢。

牌号含义：铸钢牌号由铸钢的拼音简写ZG和屈服强度、抗拉强度数值表示。

ZG230-450——铸钢的屈服强度为230MPa，抗拉强度为450MPa。

铸钢常见牌号对应的力学性能和用途见表5-9。

表 5-9 铸钢常见牌号对应的力学性能和用途

牌号	力学性能（不小于）			用途
	抗拉强度 σ_b/MPa	屈服点 σ_s/MPa	伸长率 δ/%	
ZG230-450	450	230	22	机座、机盖、箱体等，焊接性良好
ZG270-500	500	270	18	飞轮、机架、蒸汽锤、联轴器、水压机工作缸，焊接性尚好
ZG310-570	570	310	15	联轴器、气缸、齿轮、重载荷机架
ZG340-640	640	340	10	起重运输机中的齿轮、联轴器等重要机件

【2】铸铁

铸铁是含碳量大于2%的铁碳合金，铸铁性脆，不适合于锻压和焊接，但熔点低，流动性好，可铸造形状复杂的大小铸件。主要包括灰铸铁、球墨铸铁、可锻铸铁、合金铸铁等。

牌号含义：灰铸铁的牌号是由"HT"（"灰铁"两字汉语拼音字首）和最小抗拉强度 σ_b 值表示。

HT150——最小抗拉强度值为150MPa的灰铸铁。

灰铸铁常见牌号对应的力学性能和用途见表5-10。

表 5-10 灰铸铁常见牌号对应的力学性能和用途

牌号	力学性能		用途
	抗拉强度 σ_b/MPa	屈服点 σ_s/MPa	
HT200	200	750	气缸、齿轮、机床、飞轮、齿条、衬筒、一般机床铸有导轨的床身、液压筒、泵的壳体等
HT250	250	1000	阀壳、油缸、气缸、联轴器、机体、齿轮、齿轮箱外壳、飞轮、凸轮、轴承座等
HT300	300	1100	齿轮、凸轮、车床卡盘、压力机的床身、导板、增压液压筒、泵的壳体等

【3】有色金属

有色金属分为铜及铜合金、铝及铝合金两类。

① 铜及铜合金。铜及铜合金包括黄铜和青铜，其中，黄铜就是铜与含量（质量分数）大于15%锌的合金，青铜包括锡青铜（Cu与Sn的合金）和非锡青铜（Cu与Al、Si、Pb等的合金）。铜的导电性、导热性、减摩耐磨性、耐腐蚀性良好，力学性能很低，在机械工业中的应用并不多。

铜及铜合金常见牌号对应的力学性能和用途见表5-11。

表 5-11 铜及铜合金常见牌号对应的力学性能和用途

牌号	力学性能		材料状态	用途
	抗拉强度 σ_b/MPa	伸长率 δ/%		
ZCuSn10P1（10-1 锡青铜）	220 310	3 2	砂模 金属模	受冲击载荷的耐磨件，如齿轮、涡轮、轴瓦、衬套、丝杠螺母等
ZCuAl10Fe3（10-3 铝青铜）	490 540	10 12	砂模 金属模	重要的轴承、轴套、轮缘及大型铸件等
H62（62 黄铜）	370	49	棒材	螺母、垫圈、铆钉、弹簧等

② 铝及铝合金。铝及铝合金包括变形铝合金即防锈铝、锻铝等和铸造铝合金两类。铝及铝合金是应用最广的轻金属，纯铝有良好的塑性、耐腐蚀性、导电性、导热性和焊接性。

铝及铝合金常见牌号对应的力学性能和用途见表5-12。

【4】工程塑料

在工程中用来做结构或传动件材料的塑料，具有较高的强度，质量轻，绝缘性、减摩耐磨性、耐蚀性、耐热性好。

工程塑料常见牌号对应的力学性能和用途见表5-13。

表 5-12　铝及铝合金常见牌号对应的力学性能和用途

牌号	力学性能		材料状态（棒材）	用途
	抗拉强度 σ_b/MPa	伸长率 δ/%		
2A11（LY11，硬铝）	420	15	砂模 金属模	中等强度零件及焊接件，如螺栓、铆钉、接头、骨架等
7A04（LC4，超硬铝）	600	12	砂模 金属模	高强度零件、大梁、框架等
ZAlSi7Mg（ZL101铸铝硅合金）	222	1	棒材	中等强度、形状复杂的零件，如支架、壳体、发动机附件等

表 5-13　工程塑料常见牌号对应的力学性能和用途

牌号	力学性能		用途
	抗拉强度 σ_b/MPa	屈服点 σ_s/MPa	
尼龙 66	46～81.3	60～200	适用于中等载荷、温度≤100℃～120℃、无润滑或少润滑条件下工作的耐磨受力传动零件
聚四氟乙烯（PTEE，F-4）	13.7～24.5	250～350	主要用作耐化学腐蚀、耐高温的密封元件，也用作输送腐蚀介质的高温管道、耐腐蚀衬里、容器以及轴承、导轨、无油润滑活塞环、密封圈等
酚醛塑料（PF）	24.5		常用的为层压酚醛塑料和粉末状压制塑料，有板材、管材及棒材等，可用作轴承、轴瓦、带轮、齿轮、制动装置和离合装置的零件、摩擦轮及电器绝缘零件等

2. 钢的热处理简介

(1) 热处理

热处理是将钢在固态下进行不同温度的加热、保温和冷却的工艺方法，如图 5-4 所示。热处理的目的是促使钢内部组织结构发生变化，从而提高零件的力学性能和改善工艺性能。热处理能充分发挥材料的潜力，节约钢材，延长机械的使用寿命。

(2) 常用热处理方法

① 退火：将钢加热到一定的温度，保温一段时间，然后随炉冷却。主要是为了消除内应力，降低硬度，便于切削，提高塑性和韧性，改善组织，为进一步热处理做准备。

② 正火：将钢加热到一定的温度，保温一段时间，然后在空气中冷却。主要是为了消除内应力，钢的强度、硬度较退火高，不占用设备，生产率较高。

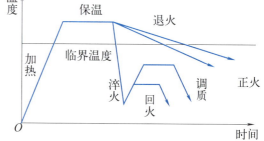

图 5-4　钢的热处理

③ 淬火：将钢加热到一定的温度，保温一段时间，然后在水或油中快速冷却，主要是为了减少内应力，降低脆性和获得良好的力学性能。淬火后一般均需回火。

④ 回火：将淬火钢重新加热到某一基于临界的温度，保温一段时间，然后冷却，分低温回火、中温回火和高温回火。

⑤ 调质：淬火和高温回火的综合热处理工艺，调质可以调高和改善材料的综合力学性能。一些重要的零件，特别是一些在变应力作用下的零件，如连杆、齿轮、轴等，常用调质处理。

⑥ 化学热处理：将机械零件放在含有某化学元素的介质中加热和保温，使该元素的活性原子渗入到零件表面的热处理方法。

3. 选用材料的基本原则

在机械设计中，零件材料的选用是否合理，将直接影响到机械的使用性能、工作可靠性和经济性，在选用材料时，应注意：

【1】使用方面的要求
① 零件所受载荷的大小和性质，以及应力状态；
② 零件的工作条件；
③ 零件尺寸、重量有无限制；
④ 零件的重要程度；
⑤ 其他特殊要求，如导电性、抗磁性等。

【2】工艺性方面的要求
所选的材料要保证零件便于制造，即应与零件的结构和复杂程度、尺寸大小和毛坯的制造方法相适应。
例如：焊接毛坯（焊接性能好）、冲压或模锻（塑性较好）。

【3】经济方面的要求
所选材料应保证零件最经济地制造出来，不仅要考虑原材料价格的高低，还要考虑零件制造成本的高低。

总之，在选用材料时，要综合考虑各相关因素，并分清主次，以满足主要要求，协调次要要求；参照已成功使用的同类机器中各零件材料的应用情况。

二、零件图尺寸、技术要求分析

在制定零件的机械加工工艺规程之前，对零件图进行工艺分析，以及对产品零件图提出修改意见。这是制定工艺规程的一项重要工作。

首先应熟悉零件在产品中的作用、位置、装配关系和工作条件，搞清楚各项技术要求对零件装配质量和使用性能的影响，找出主要的和关键的技术要求，然后对零件图样进行分析。

1. 检查零件图的完整性和正确性。

在了解零件形状和结构之后，应检查产品图纸是否完整、正确，表达是否直观清楚，绘制是否符合国家标准；

分析审查零件图上尺寸精度、形状精度、表面粗糙度等技术要求是否齐全和合理。

2. 零件的技术要求分析

技术要求用来说明零件在制造时应达到的一些质量要求，以符号或文字方式注写在零件图中。零件的技术要求主要包括表面粗糙度、公差与配合、形状和位置公差、热处理和表面处理等内容。具体分析如下：
① 加工表面的尺寸精度。
② 主要加工表面的形状精度。
③ 主要加工表面之间的相互位置精度。
④ 加工表面的表面粗糙度以及表面质量方面的其他要求。
⑤ 热处理要求。
⑥ 其他要求（如动平衡、未注圆角或倒角、去毛刺、毛坯要求等）。

3. 零件的材料分析

即分析所提供的毛坯材质本身的力学性能和热处理状态，毛坯的铸造品质和被加工部位的材料硬度，是否有白口、夹砂、疏松等。判断其加工的难易程度，为选择刀具材料和切削用量提供依据。所选的零件材料应经济合理，切削性能好，满足使用性能的要求。

4. 合理地标注尺寸

① 零件图上的重要尺寸应直接标注，而且在加工时应尽量使工艺基准与设计基准重合，并符合尺寸链最短的原则。重要尺寸是指直接影响零件在机器中的工作性能及相对位置的尺寸，如图 5-5 所示轴承座中心高和安装孔的间距尺寸。

② 零件图上标注的尺寸应便于测量，如图 5-6 所示，不要从轴线、中心线、假想平面等观察操作不便且难以测量的基准上标注尺寸。

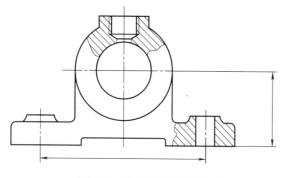

图 5-5 直接标注重要尺寸

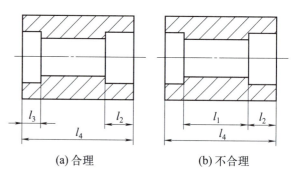

图 5-6 便于测量

③ 零件图上的尺寸不应标注成封闭式，以免产生矛盾，如图 5-7 所示。

④ 零件上非配合的自由尺寸，应按加工顺序尽量从工艺基准注出，如图 5-8 所示，先加工 $\phi 20$ 孔，再挖 $\phi 26 \times 4$ 槽，最后加工 $\phi 24$，因此图 5-8（a）合理。

⑤ 对于铸造或锻造零件，在同一方向上，加工表面和非加工表面应各选择一个基准，分别标注尺寸，并且两个基准之间只允许有一个联系尺寸，如图 5-9 所示。

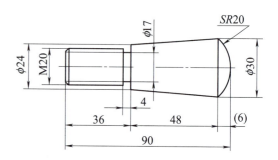

图 5-7 避免注成封闭尺寸链

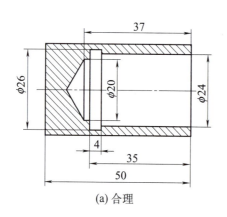
(a) 合理

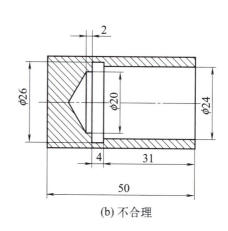
(b) 不合理

图 5-8 按加工顺序标注自由尺寸

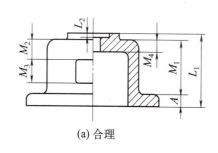
(a) 合理

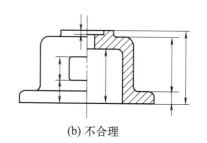
(b) 不合理

图 5-9 加工面与非加工面之间的尺寸标注

三、零件结构工艺性分析

零件的结构工艺性是指在满足使用性能的前提下,是否能以较高的生产率和最低的成本方便地加工出来的特性。为了多快好省地把所设计的零件加工出来,就必须对零件的结构工艺性进行详细的分析。主要考虑如下几方面。

1. 有利于达到所要求的加工质量

【1】合理确定零件的加工精度与表面质量

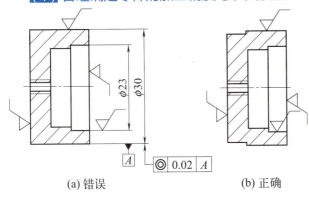

(a) 错误 (b) 正确

图 5-10 有利于保证位置精度的工艺结构

加工精度若定得过高会增加工序,增加制造成本,过低会影响机器的使用性能,故必须根据零件在整个机器中的作用和工作条件合理地确定,尽可能使零件加工方便、制造成本低。

【2】保证位置精度的可能性

为保证零件的位置精度,最好使零件能在一次安装中加工出所有相关表面,这样就能依靠机床本身的精度来达到所要求的位置精度。图 5-10 (a) 所示结构不能保证 φ30mm 与内孔 φ23mm 的同轴度。如改成图 5-10 (b) 所示的结构,就能在一次安装中加工出外圆与内孔,保证二者的同轴度。

2. 有利于减少加工劳动量

① 尽量减少不必要的加工面积。减少加工面积不仅可减少机械加工的劳动量,而且还可以减少刀具的损耗,提高装配质量。图 5-11 (a) 所示轴承座减少了底面的加工面积,降低了修配的工作量,保证了配合面的接触。图 5-11 (b) 中减少了精加工的面积,又避免了深孔加工。

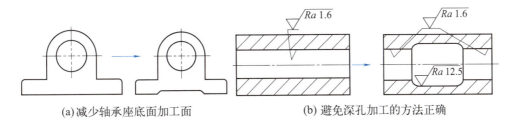

(a) 减少轴承座底面加工面 (b) 避免深孔加工的方法正确

图 5-11 减少不必要的加工面积

② 尽量避免或简化内表面的加工。因为外表面的加工要比内表面加工方便经济,又便于测量。因此,在零件设计时应力求避免在零件内腔进行加工。如图 5-12 所示将件 2 上的内沟槽加工,改成件 1 的外沟槽加工,这样加工与测量就都很方便。

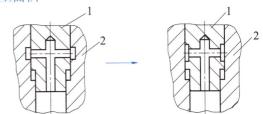

图 5-12 将内沟槽加工转化为外沟槽加工

3. 有利于提高劳动生产率

① 零件的有关尺寸应力求一致并能用标准刀具加工。图 5-13 中退刀槽尺寸一致,减少了刀具的种类,节省了换刀时间。图 5-14 采用凸台高度相等,则减少了加工过程中刀具的调整。

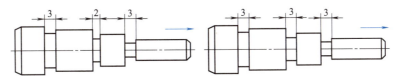

图 5-13 退刀槽尺寸一致

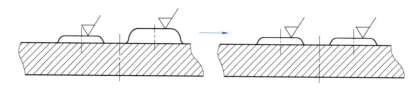

图 5-14 凸台高度相等

② 减少零件的安装次数，零件的加工表面应尽量分布在同一方向，或互相平行或互相垂直的表面上；次要表面应尽可能与主要表面分布在同一方向上，以便在加工主要表面时同时将次要表面也加工出来；孔端的加工表面应为圆形凸台或沉孔，以便在加工孔时同时将凸台或沉孔全锪出来。如图 5-15 所示，钻孔方向应该一致。

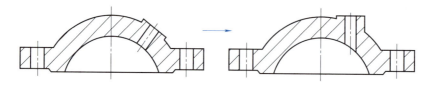

图 5-15 钻孔方向一致

③ 零件的结构应便于加工，如图 5-16 所示，设有砂轮越程槽，减少了刀具（砂轮）的磨损。

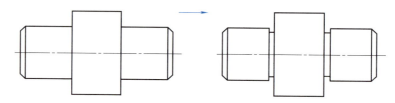

图 5-16 留有砂轮越程槽

④ 避免在斜面上钻孔和钻头单刃切削，如图 5-17 所示，避免了因钻头两边切削力不等使钻孔轴线倾斜或折断钻头。

⑤ 便于多刀或多件加工，如图 5-18 所示，为适应多刀加工，阶梯轴各段长度应相似或成整数倍；直径尺寸应沿同一方向递增或递减，以便调整刀具。

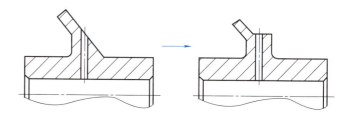

图 5-17 避免在斜面上钻孔

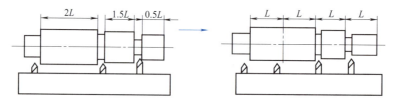

图 5-18 便于多刀加工

零件毛坯确定

机械零件的制造包括毛坯成形和切削加工两个阶段，大多数零件都是通过铸造、锻造、焊接或冲压等方法制成毛坯，再经过切削加工制成的。因此，零件毛坯的确定，对机械制造质量、成本、使用性能和产品形象有重要的影响，是机械设计和制造中的关键环节之一。

一、毛坯的类型

1. 铸件
对形状较复杂的毛坯，一般可用铸造方法制造。目前大多数铸件采用砂型铸造，对尺寸精度要求较高的小型铸件，可采用特种铸造，如永久型铸造、精密铸造、压力铸造、熔模铸造和离心铸造等。

2. 锻件
锻件毛坯由于经锻造后可得到连续和均匀的金属纤维组织。因此锻件的力学性能较好，常用于受力复杂的重要钢质零件。其中自由锻件的精度和生产率较低，主要用于小批生产和大型锻件的制造。模锻锻件的尺寸精度和生产率较高，主要用于产量较大的中小型锻件。

3. 焊接件
焊接件主要用于单件小批生产和大型零件及样机试制。其优点是制造简单、生产周期短、节省材料、减轻重量。但其抗振性较差，变形大，需经时效处理后才能进行机械加工。

4. 型材
型材主要有板材、棒材、线材等。常用截面形状有圆形、方形、六角形和特殊截面形状。就其制造方法，又可分为热轧和冷拉两大类。热轧型材尺寸较大，精度较低，用于一般的机械零件。冷拉型材尺寸较小，精度较高，主要用于毛坯精度要求较高的中小型零件。

5. 冲压件
冷冲压件毛坯可以非常接近成品要求，在小型机械、仪表、轻工、电子产品方面应用广泛。但因冲压模具昂贵而仅用于大批大量生产。

6. 粉末冶金
粉末冶金件一般具有某些特殊性能，如良好的减摩性、耐磨性、密封性、过滤性、多孔性、耐热性及某些特殊的电磁性等。主要应用于含油轴承、离合器片、摩擦片及硬质合金刀具等。

二、毛坯的选择原则

毛坯选择的原则，应在满足使用要求的前提下，尽可能地降低生产成本，提高生产率，使产品在市场上具有竞争能力。

1. 适用性原则
适应性原则是指要满足零件的使用要求和相关特性要求，即根据零件的结构形状、外形尺寸和工作条件要求，选择适应的毛坯方案，例如：

① 对于阶梯轴类零件，当各台阶直径相差不大时，可用棒材；若相差较大，则宜采用锻造毛坯。

② 形状复杂和薄壁的毛坯，一般不应采用金属型铸造。

③ 尺寸较大的毛坯，通常不采用模锻、压力铸造和熔模铸造，多数采用自由锻、砂型铸造和焊接等方法制坯。

④ 零件的工作条件不同，选择的毛坯类型也不同。如机床主轴和手柄都是轴类零件，但主轴是机床的关键零件，尺寸形状和加工精度要求很高，受力复杂且在其使用过程中只允许发生很微小的变形，因此要选用具有良好综合力学性能的45钢或40Cr，经锻造制坯及严格切削加工和热处理制成；而机床手柄则采用低碳钢圆棒材或普通灰口铸铁件为毛坯，经简单的切削加工即可完成，不需要热处理。再如内燃机曲轴在工作过程中承受很大的拉伸、弯曲和扭转应力，应具有良好的综合力学性能，故高速大功率内燃机曲轴一般采用强度和韧性较好的合金结构钢锻造成形，功率较小时可采用球墨铸铁铸造成形或用中碳钢锻造成形。对于受力不大且为圆形曲面的直轴，可采用圆钢下料直接切削加工成形。

2. 工艺性原则
工艺性原则是指零件的结构、材料与所选择的毛坯成形方法相适应，具有良好的工艺性。零件的使用要求决定了毛坯的形状特点，各种不同的使用要求和形状特点，形成了相应的毛坯成形工艺要求。零件的使用要求具体体现在对其形状、尺寸、加工精度、表面粗糙度等外部质量，和对其化学成分、金属组织、力学性能、物理性能和化学性能等内部质量的要求上。

对于不同零件的使用要求，必须考虑零件材料的工艺特性（如铸造性能、锻造性能、焊接性能等）来确定采用何种毛坯成形方法。例如：

① 不能采用锻压成形的方法和避免采用焊接成形的方法来制造灰口铸铁零件；

② 避免采用铸造成形方法制造流动性较差的薄壁毛坯；
③ 不能采用普通压力铸造的方法成形致密度要求较高或铸后需进行热处理的毛坯；
④ 不能采用锤上模锻的方法锻造铜合金等再结晶速度较低的材料；
⑤ 不能用埋弧自动焊焊接仰焊位置的焊缝；
⑥ 不能采用电阻焊方法焊接铜合金构件；
⑦ 不能采用电渣焊焊接薄壁构件。

选择毛坯成形方法的同时，也要兼顾后续机加工的可加工性。如对于切削加工余量较大的毛坯就不能采用普通压力铸造成形，否则将暴露铸件表皮下的孔洞；对于需要切削加工的毛坯尽量避免采用高牌号珠光体球墨铸铁和薄壁灰口铸铁，否则难以切削加工。一些结构复杂，难以采用单种成形方法成形的毛坯，既要考虑各种成形方案结合的可能性，也需考虑结合是否会影响机械加工的可加工性。

3. 经济性原则

一个零件的制造成本包括其本身的材料费以及所消耗的燃料、动力费用、工资和工资附加费、各项折旧费及其他辅助性费用等分摊到该零件上的份额。因此，在选择毛坯的类型及其具体的制造方法时，应在满足零件使用要求的前提下，选择成本低廉的。首先，要把满足使用要求和降低制造成本统一起来；其次，考虑经济性应从降低整体的生产成本考虑。尽量降低零件的制造成本以提高经济效益和产品的市场竞争力。

4. 兼顾原则

兼顾原则是指兼顾现有生产条件，保证方便、快捷地制造出高质量的产品。毛坯的成形方案要根据现场生产条件选择。现场生产条件主要包括现场毛坯制造的实际工艺水平、设备状况以及外协的可能性和经济性，但同时也要考虑因生产发展而采用较先进的毛坯制造方法。为此，毛坯选择时，应分析本企业现有的生产条件，如设备能力和员工技术水平，尽量利用现有生产条件完成毛坯制造任务。当现有生产条件难以满足要求时，应考虑改变零件材料和（或）毛坯成形方法，也可通过外协加工或外购解决。

三、毛坯选择具体考虑因素

毛坯的形状和尺寸越接近成品零件，毛坯精度越高，机械加工劳动量越少，材料消耗越少，因而机械加工的生产率提高，成本降低，但是毛坯的制造费用却提高了。因此，确定毛坯要在机械加工和毛坯制造两方面综合考虑。

确定毛坯包括选择毛坯类型及其制造方法。毛坯类型有铸件、锻件、压制件、冲压件、焊接件、型材等。确定毛坯时要考虑的因素如下。

1. 零件的材料及力学性能

当零件的材料选定后，毛坯的类型就大致确定了。例如：
① 材料为钢材的零件，当形状较简单而力学性能要求高时可选用锻件、冲压件。
② 材料为钢材的零件，当形状复杂、力学性能要求不高时可选用铸件。
③ 材料为钢材的零件，当形状不复杂而力学性能要求又不高时可选用型材。
④ 材料为铸铁和青铜的零件，就用铸件毛坯。
⑤ 有色金属零件常选用型材或铸造毛坯。

2. 零件的结构形状及外形尺寸

零件的结构形状是影响毛坯选择的重要因素：
① 台肩之间相差不大的阶梯轴，应选择型材。
② 台肩之间相差较大及异形轴，如曲轴、十字轴等则应选择锻件。
③ 小型盘套零件的毛坯选择型材。
④ 大中型盘套零件的毛坯选择铸件。
⑤ 支架、箱体零件由于结构复杂，一般都选择铸件。
⑥ 尺寸较大的板状零件毛坯选择焊接件。
⑦ 制造质轻、壁薄且刚性好的零件及形状较复杂的壳体选择冲压件。
⑧ 精度要求高，形状较复杂的中、小型零件及有特殊性能要求的零件可用粉末冶金。

3. 生产纲领

大批量生产时应采用精度和生产率都较高的方法：如金属铸造、精密铸造、模锻、冷轧等，用于毛坯制造的昂贵费用可由材料消耗的减少和机械加工费用的降低来补偿。单件小批量生产时则采用精度和生产率都较低的方法，以降低生产成本：如砂型铸造、自由锻。

4. 生产条件

选择毛坯时必须结合现场毛坯制造的生产条件、生产能力、对外协作的可能性等。有条件时，应积极组织地区专业化生产，统一供应毛坯。

5. 新技术、新工艺、新材料

充分考虑采用新技术、新工艺、新材料的可能性，如精铸、精锻、冷轧、冷挤压、粉末冶金和工程塑料等，可大大减少机械加工量，经济效益明显提高。

四、毛坯形状和尺寸的选择

毛坯的形状和尺寸主要由零件组成表面的形状、结构、尺寸及加工余量等因素确定，选择毛坯形状和尺寸总的要求是：减少多余浪费，实现少屑或无屑加工。因此毛坯形状要力求接近成品形状，以减少机械加工的劳动量。但是由于现有毛坯制造技术及成本的限制，以及产品零件的加工精度和表面质量要求愈来愈高，所以，毛坯的某些表面仍需留有一定的加工余量，以便通过机械加工达到零件的技术要求。毛坯加工余量和公差的大小，与毛坯的制造方法有关，生产中可参考有关工艺手册或有关企业、行业标准来确定。但也有以下四种例外情况：

① 采用锻件、铸造毛坯时，因锻模时的欠压量与允许的错模量不等，铸造时也会因砂型误差、收缩量及坯的挠曲与扭曲变形量的不同，造成加工余量不充分、不稳定。所以，除金属液体的流动性差，不能充满型腔等造成余量的不等外，锻造、铸造后，毛坯不管是锻件、铸件还是型材，只要是准备采用数控加工的，其加工外表面均应有较充分的余量。

② 尺寸小或薄的零件，为了便于装夹并减少夹头，可将多个工件连在一起，由一个毛坯制出。

③ 装配后形成同一工件外表面的两个相关零件，为了保证加工质量并使加工方便，常把两件合为一个整体毛坯，加工到一定阶段后再切开。

④ 对于不便装夹的毛坯，可考虑在毛坯上另行增加装夹余量或者工艺凸台、工艺凸耳等辅助基准。

拓展训练

完成图 5-19 所示零件的加工。其材料为 45 钢，毛坯为六面已经加工好的 120mm×80mm×22.5mm 的长方料，单件生产，Ra 为 3.2μm。

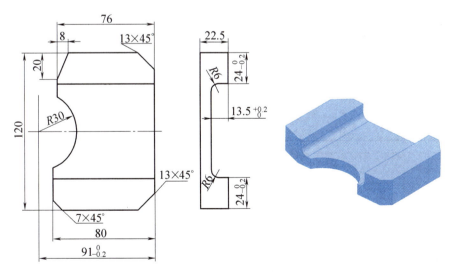

图 5-19 零件图

任务六　内轮廓铣削加工

任务目标

【知识目标】
1. 掌握数控铣床、加工中心、多轴加工机床的加工工艺范围及加工特点。
2. 了解典型数控系统。
3. 理解工件定位的基本概念，定位、装夹的原理和方法。
4. 掌握常见数控加工夹具的适用范围及特点。

【能力目标】
1. 能根据零件的结构特点正确选择加工机床及数控系统。
2. 能根据零件的装夹要求正确选择和使用夹具。
3. 能选择和使用专用夹具装夹异形零件。
4. 能根据编程规则，通过编程指令正确编制内轮廓的数控加工程序。
5. 能够运用数控加工程序进行内轮廓加工，并达到加工要求。

【思政与素质目标】
弘扬精益求精的专业精神、职业精神、工匠精神和劳模精神。

任务实施

【任务内容】

毛坯为六面已经加工好的 140mm×100mm×10mm 的塑料板，试铣削成如图 6-1 所示的零件。单件生产，Ra 为 3.2μm。

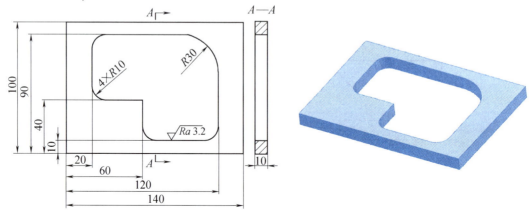

图 6-1　通孔工件的加工示例

【工艺分析】

6.1 零件图分析

① 工件轮廓线由直线、四个 R10 圆弧和一个 R30 的圆弧构成，轮廓深 10mm。
② 该工件的表面粗糙度 Ra 为 3.2μm，加工中安排粗铣加工和精铣加工。

6.2 确定装夹方式和加工方案

① 装夹方式：采用机用平口钳装夹，底部用等高垫块垫起。等高垫块应放置在零件轮廓的外侧，以防止在加工的过程中妨碍刀具的切削。
② 加工方案：由于内轮廓不与外界相连，首先使用麻花钻 T02 钻削一个加工的工艺孔，以便于立铣刀 T03 下刀，然后本着先粗后精的原则，分层粗铣内轮廓后，再精铣内轮廓。

6.3 加工刀具选择

① 选择使用 φ20mm 的麻花钻 T02 钻削工艺孔。
② 选择使用 φ8mm 的立铣刀 T03 粗、精铣内轮廓。

6.4 走刀路线确定

① 建立工件坐标系的原点：设在工件顶面左下角。
② 确定起刀点：设在工件坐标系原点的上方 100mm 处。
③ 确定下刀点：设在 O 点上方 100mm（X0,Y0,Z100）处。
④ 确定走刀路线：首先使用 φ20mm 的麻花钻在工件坐标系的 a 点钻削一个工艺孔，然后使用 φ8mm 的立铣刀分五层粗铣内轮廓，铣削走刀路线为 a-b-c-d-e-f-g-h-i-j-k-l-m-a，最后使用 φ8mm 的立铣刀精铣内轮廓。走刀路线采用延长线切入和延长线切出的方式，ab 段引入刀具半径补偿，ma 段取消刀具半径补偿，如图 6-2 所示。

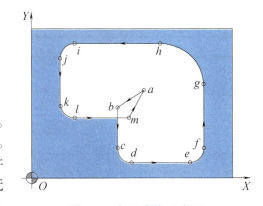

图 6-2 走刀路线示意图

【编写技术文件】

6.5 工序卡（见表 6-1）

表 6-1 本任务工件的工序卡

材料	塑料板	产品名称或代号		零件名称		零件图号	
		N0070		内轮廓		XKA007	
工序号	程序编号	夹具名称		使用设备		车间	
0001	O0070	机用平口钳		VMC850-E		数控车间	
工步号	工步内容	刀具号	刀具规格 φ/mm	主轴转速 n/(r/min)	进给量 f/(mm/min)	背吃刀量 a_p/mm	备注
1	钻工艺孔	T02	φ20mm 麻花钻	300	60		自动 O0070
2	粗铣内轮廓	T03	φ8mm 立铣刀	1000	150	2	
3	精铣内轮廓	T03	φ8mm 立铣刀	1000	150	1	
编制		批准		日期		共 1 页	第 1 页

6.6 刀具卡（见表6-2）

表6-2 本任务工件的刀具卡

产品名称或代号		N0070	零件名称	内轮廓		零件图号		XKA007
刀具号	刀具名称	刀具规格 φ/mm	加工表面	刀具半径补偿号D	补偿值/mm	刀具长度补偿H	补偿值/mm	备注
T02	麻花钻	20	钻工艺孔	D02		H02	120.310	刀长补偿操作时确定
T03	立铣刀	8	铣内轮廓	D03	4.1	H03	120.236	
				D04	4			
编制		批准		日期		共1页		第1页

6.7 编写参考程序

（1）计算节点坐标（见表6-3）

表6-3 节点坐标

节点	X坐标值	Y坐标值	节点	X坐标值	Y坐标值
O	0	0	g	120	60
a	90	60	h	90	90
b	60	50	i	30	90
c	60	20	j	20	80
d	70	10	k	20	50
e	110	10	l	30	40
f	120	20	m	70	40

（2）编制加工程序（见表6-4，子程序见表6-5）

表6-4 本任务工件的参考程序

程序号：O0061		
程序段号	程序内容	说明
N10	G17 G21 G40 G49 G54 G90 G94;	调用工件坐标系，绝对坐标编程
N20	T02 M06;	换麻花钻（数控铣床中手工换刀）
N30	S300 M03;	开启主轴
N40	G43 G00 Z100 H02;	将刀具快速定位到初始平面
N50	X90 Y60;	快速定位到下刀点a（X80 Y60 Z100）
N60	Z5 M08;	快速定位到R平面，开启切削液
N70	G01 Z-15 F60;	钻工艺孔
N80	Z5 F200;	退刀
N90	G00 Z100 M09;	快速返回到初始平面，关闭切削液
N100	X0 Y0;	返回到工件原点
N110	M05;	主轴停止
N120	M00;	程序暂停
N130	T03 M06;	换立铣刀（数控铣床中手工换刀）
N140	S1000 M03;	开启主轴
N150	G43 G00 Z100 H03;	将刀具快速定位到初始平面
N160	X90 Y60;	快速定位到下刀点a（X90 Y60 Z100）
N170	Z1 M08;	快速定位到R平面，开启冷却液

续表

程序段号	程序内容	说明
N180	D03;	半径补偿为 D03
N190	M98 P60021;	粗铣到 -11mm 的精度
N200	G00 Z-9 M09;	快速定位，关闭切削液
N210	D04;	半径补偿为 D04
N220	M98 P0021;	精铣到 -11mm 的深度
N230	G00 Z100;	快速返回到初始平面
N240	X0 Y0;	返回到工件原点
N250	M05;	主轴停止
N260	M30;	程序结束

表 6-5 本任务工件的子程序

程序段号	程序内容	说明
	程序号：O0021	
N10	G91 G01 Z-2 F150;	Z 向进刀 -2mm
N20	G90 G41 G00 X60 Y50;	调用半径补偿，快速定位到 b 点
N30	G01 Y20 F150;	铣削工件到 c 点
N40	G03 X70 Y10 R10;	铣削工件到 d 点
N50	G01 X110;	铣削工件到 e 点
N60	G03 X120 Y20 R10;	铣削工件到 f 点
N70	G01 Y60;	铣削工件到 g 点
N80	G03 X90 Y90 R30;	铣削工件到 h 点
N90	G01 X30;	铣削工件到 i 点
N100	G03 X20 Y80 R10;	铣削工件到 j 点
N110	G01 Y50;	铣削工件到 k 点
N120	G03 X30 Y40 R10;	铣削工件到 l 点
N130	G01 Y70;	铣削工件到 m 点
N140	G40 G00 X90 Y60;	取消半径补偿，返回到 a 点
N150	M99;	程序结束，返回到主程序

【零件加工】

加工操作同前面任务，不再赘述。

知识拓展

——加工设备选择

一、数控铣床

1. 数控铣床的加工工艺范围

数控铣床是应用非常广泛的数控加工机床，具有适应性强、加工精度高、加工质量稳定和生产效率高等优点。针对轮廓形状特别复杂或难以控制尺寸的零件，它可以进行平面铣削、外形轮廓铣削、平面型腔铣削、三维及三维以上复杂型面铣削，还可以进行钻孔、扩孔、铰孔、镗孔、锪孔、螺纹切削等孔加工，如图 6-3 所示。

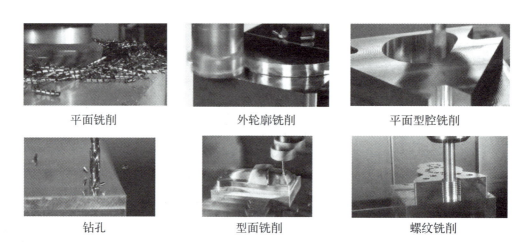

图 6-3　数控铣床工艺范围

2. 数控铣床的分类

数控铣床按主轴位置可分为立式数控铣床和卧式数控铣床。立式数控铣床主轴垂直于工作台，如图 6-4（a）所示。卧式数控铣床，主轴平行于工作台，如图 6-4（b）所示。按构造形式可分为工作台升降式数控铣床和主轴升降式数控铣床。工作台升降式数控铣床的工作台可以上下移动，机床主轴只能旋转，不能移动，如图 6-4（c）所示。主轴升降式数控铣床的主轴可以上下移动，机床主轴既能旋转又能移动，如图 6-4（d）所示。数控铣床按构造形式还有龙门式数控铣床，龙门式数控铣床床身水平布置，其两侧的立柱和连接梁构成门架，主轴装在横梁和立柱之上，可沿其导轨移动，如图 6-4（e）所示，主要用于大件加工、大型模具加工等。数控铣床主要适用于平面类零件加工、变斜角类零件加工、曲面类零件加工。

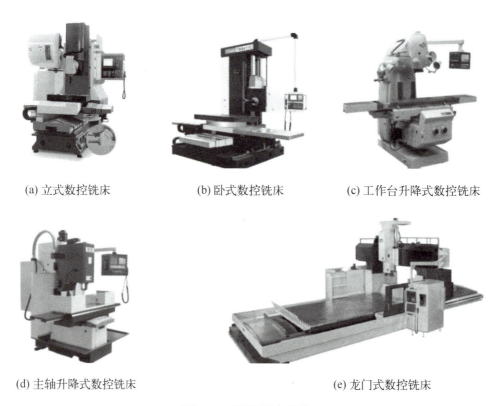

图 6-4　数控铣床分类

3. 数控铣床的加工特点

① 加工范围广。数控铣床进行的是轮廓控制，能够对两个或两个以上坐标轴进行插补，可对多种轮

廓进行切削加工。

② 加工形状复杂。通过计算机软件编程，能够切削加工多种复杂曲面和型腔，加工对象形状受限小。

③ 精度高。数控铣床轴向定位精度及轴向重复定位精度高，且加工过程中尺寸误差能得到及时补偿，加工尺寸精度高。在数控铣床上加工，工序高度集中，一次装夹即可加工出零件上大部分表面，有效减少基准面的转变，加工定位误差减小。

④ 表面质量高。数控铣床加工速度远高于普通机床，结构设计的刚度也远高于普通机床，由程序控制零件加工过程，加工表面质量高。

⑤ 生产率高。数控铣床刚度大、功率大、自动化程度高、工序集中，辅助时间少，生产率高，特别是对于复杂型面的加工，生产率提高明显。

⑥ 便于实现计算机辅助制造。有利于实现管理现代化。

二、加工中心

加工中心是从数控铣床发展而来的，与数控铣床的最大区别在于加工中心具有自动换刀加工的能力，通过在刀库上安装不同用途的刀具，可在一次装夹中，通过自动换刀装置更换不同刀具，实现多种加工功能。

1. 加工中心的加工工艺范围

数控加工中心把铣削、镗削、钻削、攻螺纹和切削螺纹等功能集中在一台设备上，使其具有多种工艺手段，综合加工能力较强，工序高度集中。加工中心适用于精密复杂零件加工、周期性重复投产零件加工、多工位多工序集中的零件加工、具有适当批量的零件加工等。主要加工对象有箱体类零件、复杂曲面、异形件、盘套板类零件。

【1】箱体类零件

箱体类零件是指具有一个以上的孔系，并有较多型腔的零件，如图 6-5 所示，这类零件在机械、汽车、飞机等行业较多，如汽车的发动机缸体、变速箱体，机床的床头箱、主轴箱，柴油机缸体，齿轮泵壳体等。箱体类零件在加工中心上加工，一次装夹可以完成普通机床 60%～95% 的工序内容，零件各项精度一致性好，质量稳定，同时可缩短生产周期，降低成本。对于加工工位较多，工作台需多次旋转角度才能完成的零件，一般选用卧式加工中心；当加工的工位较少，且跨距不大时，可选立式加工中心，从一端进行加工。

【2】复杂曲面

在航空航天、汽车、船舶、国防等领域的产品中，复杂曲面类占有较大的比重，如叶轮、螺旋桨、各种曲面成形模具等，如图 6-6 所示。就加工的可能性而言，在不出现加工干涉区或加工盲区时，复杂曲面一般可以采用球头铣刀进行三坐标联动加工，加工精度较高，但效率较低。如果工件存在加工干涉区或加工盲区，就必须考虑采用四坐标或五坐标联动的机床。

图 6-5 箱体类零件

图 6-6 叶轮

【3】异形件

异形件是外形不规则的零件，大多需要点、线、面多工位混合加工，如支架、基座、样板、靠模等，如图6-7所示。异形件的刚性一般较差，夹压及切削变形难以控制，加工精度也难以保证。这时可充分发挥加工中心工序集中的特点，采用合理的工艺措施，一次或两次装夹，完成多道工序或全部的加工内容。

图6-7　支架类零件

【4】盘、套、板类零件

带有键槽、径向孔或端面有分布孔系以及有曲面的盘套或轴类零件，还有具有较多孔加工的板类零件，如图6-8所示，适宜采用加工中心加工。端面有分布孔系、曲面的零件宜选用立式加工中心，有径向孔的可选卧式加工中心。

工件一次装夹后能完成较多的加工内容，加工精度较高，就中等加工难度的批量工件，其效率是普通设备的5～10倍，特别是它能完成许多普通设备不能完成的加工。对形状较复杂、精度要求高的单件加工或中小批量多品种生产更为适用。

图6-8　盘、套、板类零件

2. 加工中心的分类

加工中心通常可分为立式加工中心、卧式加工中心、多轴加工中心。

① 立式加工中心，主轴与工作台垂直，如图6-9（a）所示，主要适用于加工板类、盘类、模具及小壳体零件。

② 卧式加工中心，主轴与工作台平行，如图6-9（b）所示，主要是用于加工箱体类零件。

③ 多轴加工中心，如图6-9（c）所示，多轴加工中心适用于具有复杂空间曲面的叶轮、模具、刃具等工件的加工，是目前加工中心的主要形式。

(a) 立式加工中心　　　　　(b) 卧式加工中心　　　　　(c) 多轴加工中心

图6-9　加工中心分类

3. 加工中心刀库分类

加工中心刀库基本分为圆盘式刀库和链式刀库两类,如图 6-10 所示。圆盘式刀库结构紧凑简单,一般存放刀具不超过 32 把。链式刀库适用于刀库容量较大的场合。

(a) 圆盘式刀库

(b) 链式刀库

图 6-10　加工中心刀库分类

4. 加工中心的加工特点

① 加工精度高。在加工中心上加工零件,其工序高度集中,一次装夹即可完成零件上大部分的加工内容,避免了零件多次装夹所产生的装夹误差,因此,加工表面之间能获得较高的位置精度。同时,加工中心多采用半闭环,甚至闭环的位置补偿功能,有较高的定位精度和重复定位精度,在加工过程中产生的尺寸误差能及时得到补偿,与普通机床相比,可获得较高的尺寸精度。

② 精度稳定。整个加工过程由程序自动控制,不受操作者人为因素的影响,同时,没有凸轮、靠模等硬件,省去了制造和使用中磨损等所造成的误差,加上机床的位置补偿功能和较高的定位精度和重复定位精度,加工出的零件尺寸一致性好。

③ 加工效率高。一次装夹能完成较多表面的加工,减少了多次装夹工作所需的辅助时间。同时,减少了工件在机床与机床之间、车间与车间之间的周转次数和运输工作量。

④ 加工表面质量好。加工中心主轴转速和各轴进给量均是无级调速,有的甚至具有自适应控制功能,能随刀具和工件材料及刀具参数的变化,把切削参数调整到最佳数值,从而提高了各加工表面的质量。

⑤ 软件适应性强。零件每个工序的加工内容、切削用量、工艺参数都可以编入程序,可以随时修改,这给新产品试制、实行新的工艺流程和试验提供了方便。

三、多轴加工机床

1. 多轴加工机床简介

多轴联动数控机床系统是解决叶轮、叶片、船用螺旋桨、重型发电机转子、汽轮机转子、大型柴油机曲轴等加工的唯一手段。特别是五轴联动数控机床系统,对一个国家的航空、航天、军事、科研、精密器械、高精医疗设备等行业具有举足轻重的影响力。

我们熟悉的数控机床有 X、Y、Z 3 个直线坐标轴,多轴是在一台机床上至少具备第四轴,如图 6-11 所示,通常所说的多轴数控加工,是指四轴以上的数控加工,其中具有代表性的是五轴数控加工。

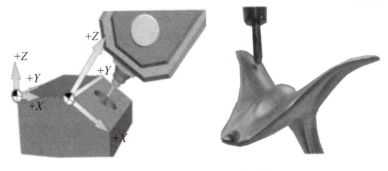

图 6-11　多轴加工机床理解

多轴数控机床，能够将数控铣、数控镗、数控钻等功能组合在一起，工件在一次装夹后，可以对加工面进行铣、镗、钻等多工序加工，有效地避免了由多次安装造成的定位误差，能缩短生产周期，提高加工精度。多轴数控加工能同时控制四个以上坐标轴的联动，多轴数控机床通常具备四个或四个以上可控轴，一般来说是三个线性轴加上一个或多个旋转轴，并且这些坐标轴可以在CNC系统控制下进行联动。多轴机床的坐标系统也符合右手笛卡儿直角坐标系，基本坐标轴X、Y、Z及旋转轴A、B、C的关系及其正方向，用右手定则判断。如图6-12所示为常见机床结构的坐标关系。

 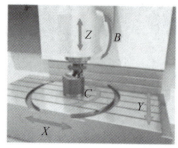 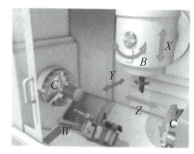

图6-12　多轴机床坐标系统

2. 多轴加工优越性

多轴数控加工相较于传统三轴加工有以下优点：

① 减少基准转换，提高加工精度。多轴数控加工的工序集成化，不仅提高了工艺的有效性，而且工序集中，定位基准转换少，消除了加工定位误差，提高了形位精度，因此加工精度更容易得到保证。

② 简化生产过程。零件在整个加工过程中只需一次装夹，在加工过程中不需要装夹多个面，只需要主轴或工作台旋转角度即可，加工方便快捷。

③ 多轴数控机床可以通过改变刀具，或工件姿态，有效避免刀具干涉问题，提高切削效率和工件表面质量。

④ 使用多轴数控机床可以减少工装夹具的数量和占地面积。在目前市场上，多轴加工设备价格比较昂贵，但是其综合了多种工序，减少了设备数量、工装夹具数量、车间占地面积和设备维护费用，在一定程度上压缩了成本。工件越复杂，它相对传统工序分散的生产方式，优势就越明显。

3. 多轴机床的种类

常见的多轴数控机床主要有以下几种：四轴加工中心、五轴加工中心、车铣复合机床。其中五轴机床是多轴加工中的典型设备，按照旋转轴的类型不同，五轴机床可以分为三个大类：双摆头五轴、单转台单摆头五轴、双转台五轴，如图6-13所示。

双摆头五轴机床，如图6-13（a）所示，其特点是能通过主轴头摆动和旋转，改变刀具的姿态，而机床工作台保持不变，可以加工非常复杂的曲面，主要应用于重型龙门式五轴加工中心上。

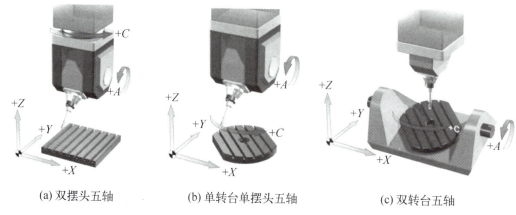

　　(a) 双摆头五轴　　　　　　(b) 单转台单摆头五轴　　　　　　(c) 双转台五轴

图6-13　多轴数控机床

单转台单摆头五轴机床，如图 6-13（b）所示，其特点是能通过主轴头摆动，结合工作台摆动，改变刀具的姿态，主要用于中小型五轴加工中心上。

双转台五轴机床，如图 6-13（c）所示，其特点是能通过工作台的摆动和旋转，改变工件相对刀具的姿态，而机床主轴保持不变，可以有效地利用机床空间使加工范围扩大，主要用于中小型五轴加工中心上。

四、典型数控系统介绍

1. 华中数控系统

华中数控系统是武汉华中数控股份有限公司产品。华中数控具有自主知识产权的数控装置形成了高、中、低三个档次的系列产品，已有数千台套与列入国家重大专项的高档数控机床配套应用；公司研制的 60 多种专用数控系统，应用于纺织机械、木工机械、玻璃机械、注塑机械。

2. FANUC 数控系统

FANUC 数控系统是由日本一家专门研究数控系统的公司开发研制的，产品系列广泛。三轴铣削和车削系统在我国应用较为广泛。

3. SIEMENS 数控系统

SIEMENS 数控系统是 SIEMENS 集团旗下自动化和驱动集团的产品。SIEMENS 数控系统发展了很多代，目前在广泛使用的有 802、810、840D 等几种类型，其中 SIEMENS840D 数控系统在我国应用较为广泛。

4. HEIDENHAIN 数控系统

HEIDENHAIN 数控系统是由德国约翰内斯·海德汉博士公司研发的。HEIDENHAIN 公司是一家拥有一百多年历史，专门生产高精密测量元件和数控系统的跨国集团公司。所生产的高性能数控系统和测量反馈元件在模具加工和高精密加工领域得到了广泛的应用。HEIDENHAIN 的数控系统一直因其友好的人机操作界面、高速、高精、高表面质量和五轴加工控制功能而著称。无论是铣、钻、镗和加工中心铣床，HEIDENHAIN 都为其提供了成熟可靠的数控系统。HEIDENHAIN 数控系统在高端机床上应用也非常普遍。在我国使用较多的是 TNC530、TNC640 系统。

——加工夹具选择

一、工件定位基本概念

数控加工中工件要放置准确并夹紧才能进行加工，而工件的定位和夹紧都离不开机床夹具，在现代生产中，机床夹具是一种不可缺少的工艺装备，直接影响着零件加工的精度、劳动生产率和产品的制造成本。机床夹具是各种金属切削机床上将工件进行定位、夹紧，将刀具进行对刀或导向，以保证工件和刀具间正确的相对位置关系的附加装置。机床夹具种类繁多，设计或简单或复杂，但所有的夹具都有最基本的定位和夹紧功能。

【1】六点定位原理

任何没有定位的工件在空间直角坐标系中都具有六个自由度，如图 6-14 所示。工件定位就是根据加工要求限制工件的全部或部分自由度。工件的六点定位原理是指用六个支撑点来分别限制工件的六个自由度，即 X、Y、Z 轴方向的移动和绕 X、Y、Z 轴的转动，从而使工件在空间得到确定定位的方法。

自由度分析：

平面限制 3 个自由度，Z 轴方向的移动、X 轴方向的转动、Y 轴方向的转动，如图 6-15 所示。

直线限制 2 个自由度，Y 轴方向的移动和 Z 轴方向的转动，如图 6-16 所示。

点限制 1 个自由度，X 轴方向的移动，如图 6-17 所示。

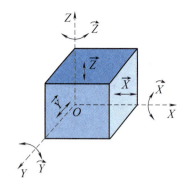
图 6-14　工件在空间的自由度

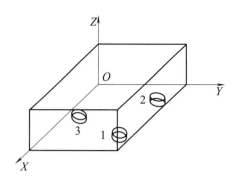
图 6-15　平面定位

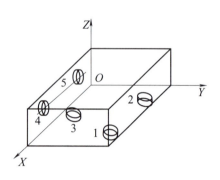
图 6-16　直线定位

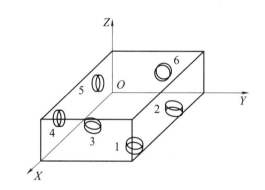
图 6-17　点定位

这样，六个点限制了工件 X、Y、Z 轴方向的移动和 X、Y、Z 轴方向的转动，工件六个自由度全部被限制，实现了完全定位。在定位过程中，支撑点的分布一定要合理，分析定位时工件不能脱离定位元件。

工件在加工中应该限制几个自由度，取决于工件的加工要求。如图 6-18（a）所示，在箱体零件上加工平面，需保证工序尺寸 A。为了保证工序尺寸 A，Z 轴方向的移动自由度、X 轴和 Y 轴的转动自由度需要限制，其他自由度可不限制。如图 6-18（b）所示，在轴类零件上加工平面，需保证工序尺寸 A。为保证工序尺寸 A，Z 轴方向的移动自由度需要限制，而 X 轴和 Y 轴方向的移动对加工尺寸没有影响，所以不需要限制，与在箱体类零件上加工平面不同的是，由于轴类零件是回转体类零件，关于轴线完全对称，因而绕轴线方向的自由度不需要限制。所以在轴类零件上加工平面仅需要限制 Z 轴方向的移动和 X 轴方向的转动。

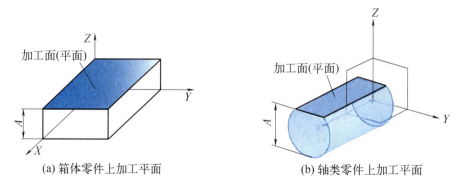

(a) 箱体零件上加工平面　　　　(b) 轴类零件上加工平面

图 6-18　自由度分析

【2】完全定位和不完全定位

完全定位：指加工时工件的六个自由度完全被限制，这样的定位我们称之为完全定位。例如，我们采用六个定位点，把工件的六个自由度全部限制，如图 6-19 所示。

不完全定位：指工件被限制的自由度少于六个，但仍然能保证加工要求的定位。例如，在球体上通铣平面只需限制X、Y、Z的移动自由度，其余自由度不需限制，如图6-20所示。

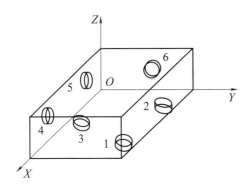

图6-19 完全定位

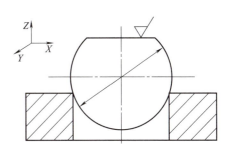

图6-20 不完全定位

完全定位与不完全定位这两种形式的定位是正确的。

(3) 欠定位和过定位

欠定位：如果根据加工要求，工件本应该限制的自由度没有得到限制，就称之为欠定位，欠定位是绝不允许的。图6-21所示在箱体零件上铣通槽，需保证工序尺寸A和B。采用图示定位方法，缺少对X轴方向移动、Z轴方向转动的限制，加工出的尺寸无法保证。

过定位：指工件的一个自由度被两个或两个以上的定位元件限制，应尽量避免过定位。图6-22所示为大平面与长销组合，重复限制了X轴方向和Z轴方向的转动，导致工件无法装夹。消除过定位及其干涉一般有两个途径：一是改变定位元件的结构，以消除被重复限制的自由度；二是提高工件定位基面之间及夹具定位元件工作表面之间的位置精度，以减少或消除过定位引起的干涉。

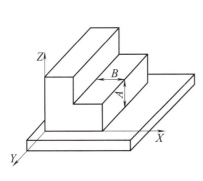

图6-21 欠定位

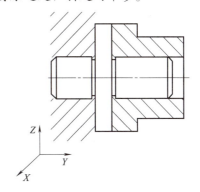

图6-22 过定位

过定位与欠定位这两种形式的定位都是不正确的。

二、常见的定位方式及其定位元件

1. 平面定位

工件以平面定位时所用的元件称为支承件。支承件又分为固定支承、可调支承、浮动支承和辅助支承，如图6-23所示。

固定支承：支承的高度尺寸是固定的，使用时不能调整，如图6-23（a）所示。

可调支承：可调支承的顶端位置可以在一定范围内调整，如图6-23（b）所示。

浮动支承：在定位过程中，支承本身所处的位置随工件定位基准面的变化而自动调整并与之相适应，如图6-23（c）所示。

辅助支承：辅助支承是在工件实现定位后才参与支承的定位元件，不起定位作用，只能提高工件加工时的刚度或起辅助定位作用，如图6-23（d）所示。

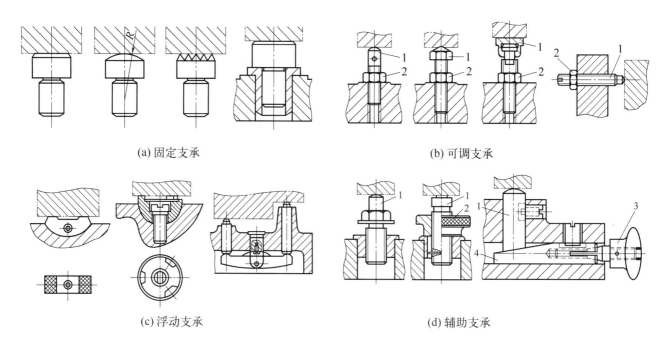

(a) 固定支承　　　　　　　　　　　　　(b) 可调支承

(c) 浮动支承　　　　　　　　　　　　　(d) 辅助支承

图 6-23　平面定位元件

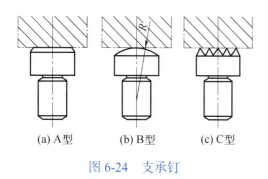

(a) A型　　(b) B型　　(c) C型

图 6-24　支承钉

固定支承又分为支承钉和支承板。

【1】支承钉

支撑钉有 A 型、B 型和 C 型三种类型,如图 6-24 所示。其中 A 型支承钉是平头支承钉,适用于已加工表面。B 型支承钉是球头支承钉,适用于未加工表面。C 型支承钉是齿轮头支承钉,用于增加和零件间的摩擦力,适用于顶面和侧面定位。使用支承钉定位时,一个支承钉相当于一个点,限制工件的一个移动自由度。两个支承钉相当于一条线,限制工件的一个移动自由度和一个转动自由度。三个支承钉相当于一个面,限制工件垂直于支承面的移动自由度和面内两个轴的转动自由度。支承钉定位情况如图 6-25 所示。

	定位情况	1个支承钉	2个支承钉	3个支承钉
支承钉	图示			
	限制的自由度	$\vec{X}$	$\vec{Y}\ \hat{Z}$	$\vec{Z}\ \hat{X}\ \hat{Y}$

图 6-25　支承钉定位情况

【2】支承板

支承板有 A 型和 B 型两种类型,如图 6-26 所示。A 型支承板结构简单,便于制造,但是不易清除落入螺孔中的切屑。B 型支承板为斜槽式支承板,清屑容易,适用于地面定位,应用更为广泛。一根条形支承板限制两个自由度。两根条形支承板共面相当于一个大平面的支承板,限制三个自由度。支承板定位情况如图 6-27 所示。

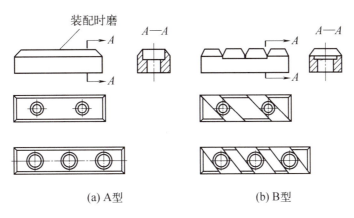

(a) A型　　　　　　　　　　(b) B型

图6-26　支承板

支承板	定位情况	一块条形支承板	二块条形支承板	一块矩形支承板
	图示	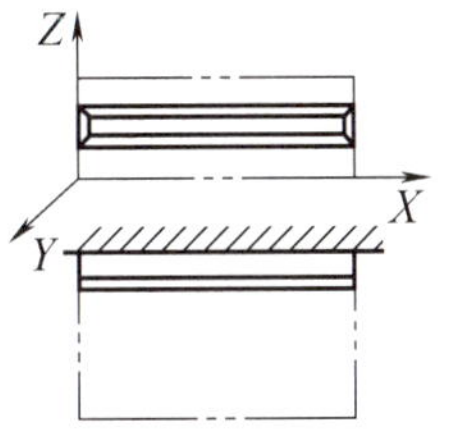	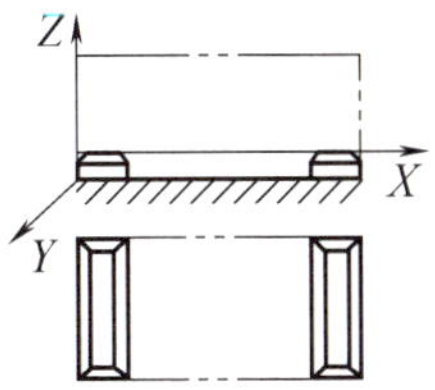	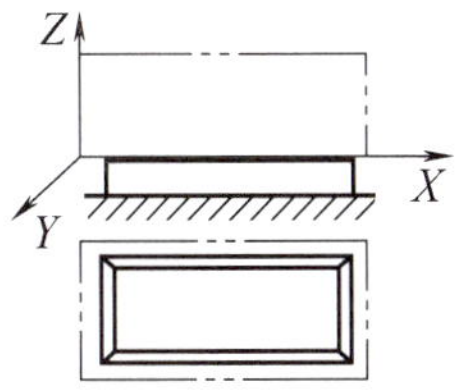
	限制的自由度	$\vec{Y}$ $\vec{Z}$	$\vec{Z}$ $\hat{X}$ $\hat{Y}$	$\vec{Z}$ $\hat{X}$ $\hat{Y}$

图6-27　支承板定位情况

2. 外圆表面定位
【1】V形块

工件以外圆表面定位时，最常见的是V形块，如图6-28所示。通常V形块通过销钉定位，螺钉拧紧在夹具上。V形块最大的特点是具有对中性，即工件与外圆表面放在V形块上时，其轴心线一定在V形块对称平面上。

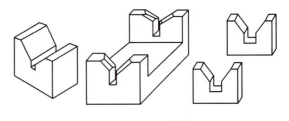

图6-28　V形块

V形块有固定V形块、活动式V形块和可调式V形块之分，既可以用于未加工表面定位，也可以用于已加工表面定位。一个短V形块限制两个移动自由度。两个短V形块组合相当于一个长V形块，共限制4个自由度。V形块定位情况如图6-29所示。

V形块	定位情况	一块短V形块	两块短V形块	一块长V形块
	图示	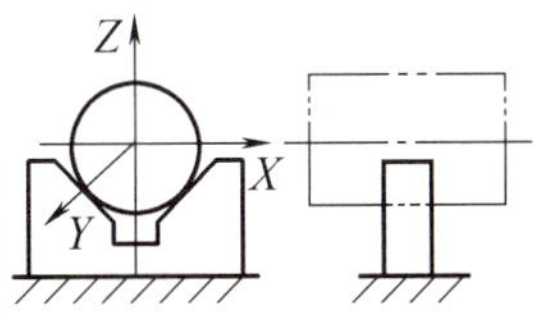	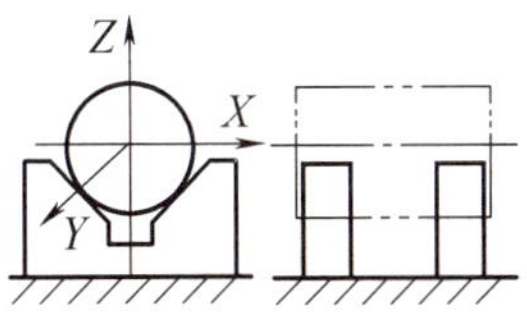	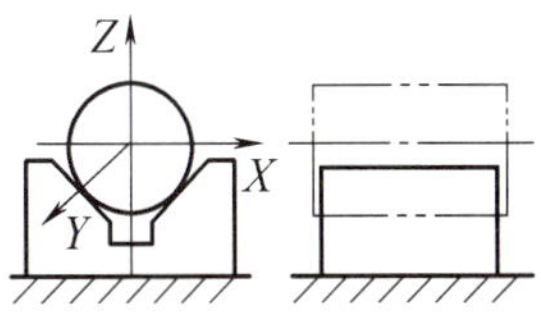
	限制的自由度	$\vec{X}$ $\vec{Z}$	$\vec{X}$ $\vec{Z}$ $\hat{X}$ $\hat{Z}$	$\vec{X}$ $\vec{Z}$ $\hat{X}$ $\hat{Z}$

图6-29　V形块定位情况

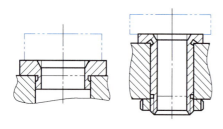

图 6-30 工件在定位套中的定位

【2】定位套

工件以外圆柱表面为定位基准在定位套内孔中定位，这种定位方法一般适用于精基准定位，如图 6-30 所示，短定位套限制工件两个自由度，长定位套限制工件四个自由度。定位套定位情况如图 6-31 所示。

3. 圆柱孔定位

工件以圆柱孔定位大都属于定心定位（定位基准为孔的轴线），最常用的定位元件是定位销和心轴。

定位情况	一个短定位套	两个短定位套	一个长定位套
定位套图示	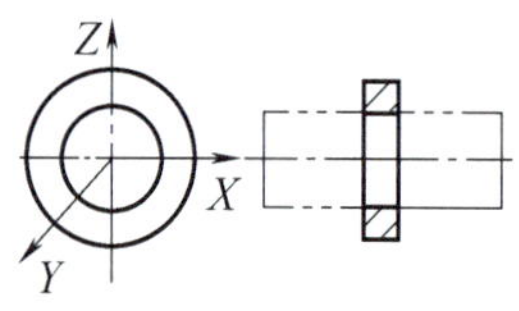 ![Z/X/Y坐标]	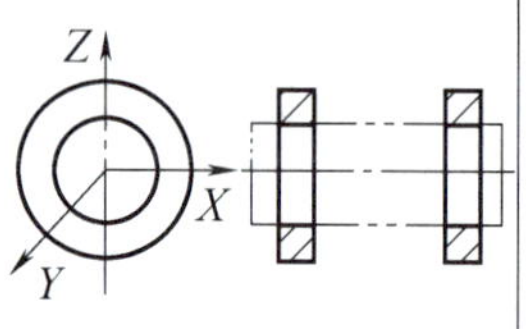 ![Z/X/Y坐标]	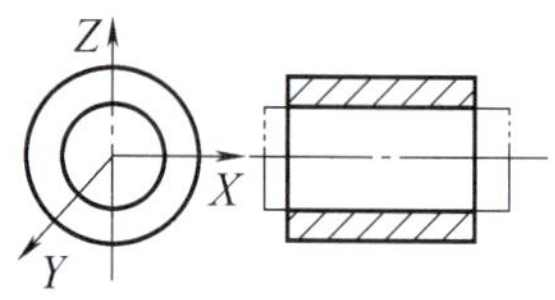 ![Z/X/Y坐标]
限制的自由度	$\vec{X}$ $\vec{Z}$	$\vec{X}$ $\vec{Z}$ $\hat{X}$ $\hat{Z}$	$\vec{X}$ $\vec{Z}$ $\hat{X}$ $\hat{Z}$

图 6-31 定位套定位情况

【1】定位销

定位销根据直径和结构的不同分为圆柱销、菱形销和圆锥销，如图 6-32 所示。一段短圆柱销限制两个自由度，两段短圆柱销相当于一段长圆柱销限制四个自由度。菱形销通常也称为削边销，被削去的那个边不限制自由度，因此只限制一个沿长轴方向的移动自由度。长销小平面组合和短销大平面组合一样，限制五个自由度，如图 6-33 所示。圆锥销一般限制 X、Y、Z 三个移动自由度。浮动锥销限制 2 个自由度，固定锥销与浮动锥销组合限制 5 个自由度，常见于车削加工中双顶尖定位，圆锥销定位情况如图 6-34 所示。

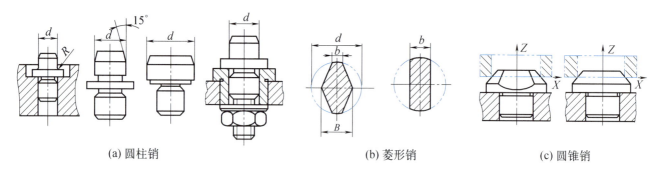

(a) 圆柱销　　　　　　　　(b) 菱形销　　　　　　　　(c) 圆锥销

图 6-32 定位销

【2】心轴

心轴主要用于套类和空心盘类工件的车、铣、磨及齿轮加工。常见的有圆柱心轴和圆锥心轴等。常用的刚性心轴有：过盈配合心轴、间隙配合心轴、小锥度心轴，如图 6-35 所示。小锥度心轴的锥度比为 1∶5000～1∶1000，比其他心轴有较高的定位精度。长圆柱心轴限制四个自由度，短圆柱心轴和小锥度心轴限制两个自由度，如图 6-36 所示。长圆锥心轴限制五个自由度，如图 6-37 所示。

圆柱销	定位情况	短圆柱销	长圆柱销	两段短圆柱销
	图示			
	限制的自由度	$\vec{Y}$ $\vec{Z}$	$\vec{Y}$ $\vec{Z}$ $\overset{\frown}{Y}$ $\overset{\frown}{Z}$	$\vec{Y}$ $\vec{Z}$ $\overset{\frown}{Y}$ $\overset{\frown}{Z}$
	定位情况	菱形销	长销小平面组合	短销大平面组合
	图示			
	限制的自由度	$\vec{Z}$	$\vec{X}$ $\vec{Y}$ $\vec{Z}$ $\overset{\frown}{Y}$ $\overset{\frown}{Z}$	$\vec{X}$ $\vec{Y}$ $\vec{Z}$ $\overset{\frown}{Y}$ $\overset{\frown}{Z}$

图 6-33　圆柱销定位情况

圆锥销	定位情况	固定锥销	浮动锥销	固定锥销与浮动锥销组合
	图示			
	限制的自由度	$\vec{X}$ $\vec{Y}$ $\vec{Z}$	$\vec{Y}$ $\vec{Z}$	$\vec{X}$ $\vec{Y}$ $\vec{Z}$ $\overset{\frown}{Y}$ $\overset{\frown}{Z}$

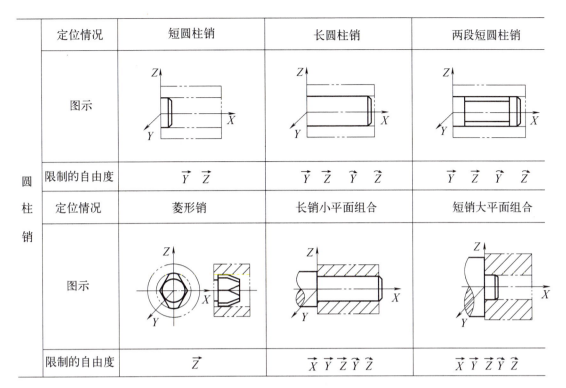

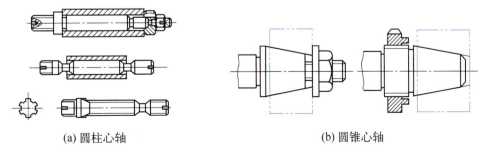

图 6-34　圆锥销定位情况

(a) 圆柱心轴　　(b) 圆锥心轴

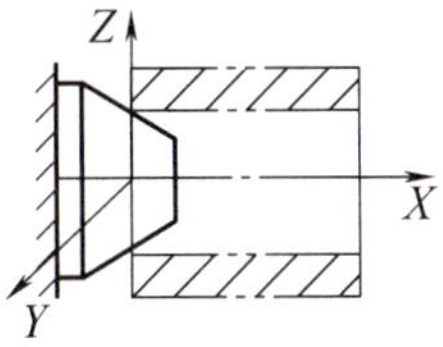

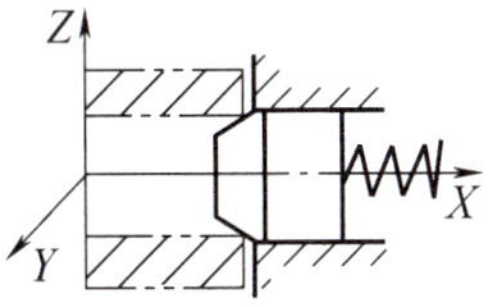

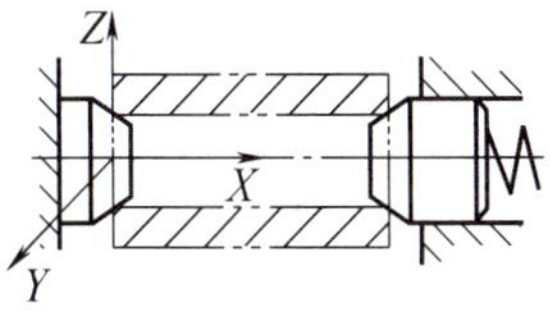

图 6-35　心轴

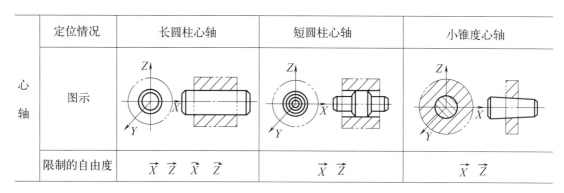

图 6-36　心轴定位情况

三、夹紧及夹紧装置

在机械加工过程中，被加工工件常会受到切削力、离心力、重力、惯性力等的作用。在这些外力作用下，要使工件仍能在夹具中保持已有定位元件确定的加工位置，而不至于发生振动或偏离，保证加工质量和生产安全，夹紧装置的设计就尤为重要，否则在切削加工过程中，工件轻者发生移动，不能保证加工要求，重则飞出，发生安全事故。

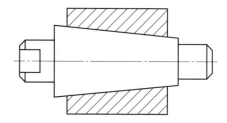

图 6-37　长圆锥心轴限制 5 个自由度

1. 夹紧装置的组成

图 6-38 为夹紧装置组成示意图。它主要由以下三部分组成。

【1】力源装置

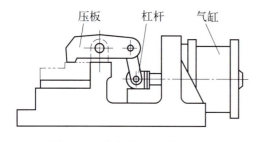

图 6-38　夹紧装置组成示意图

力源装置是产生夹紧作用力的装置，所产生的力称为原始力，其动力可用气动、液动、电动等。图 6-38 中的力源装置是气缸。对于手动夹紧来说，力源是人力。

【2】中间传力机构

中间传力机构是介于力源和夹紧元件之间传递力的机构，如图 6-38 中的杠杆。在传递力的过程中，它能起到如下作用：

① 改变作用力的方向；

② 改变作用力的大小，通常是起增力作用；

③ 使夹紧实现自锁，保证力源提供的原始力消失后，仍能可靠地夹紧工件，这对手动夹紧尤为重要。

【3】夹紧元件

夹紧元件是最终执行元件，与工件直接接触完成夹紧作用，如图 6-38 中的压板。夹紧装置的具体组成并非一成不变，须根据工件的加工要求、安装方法和生产规模等条件来确定。但无论其具体组成如何，都必须满足如下基本要求：

① 夹紧时不能破坏工件定位后获得的正确位置；

② 夹紧力大小要合适，既要保证工件在加工过程中不移动、不转动、不振动，又不能使工件产生变形或损伤工件表面；

③ 夹紧动作要迅速、可靠，且操作要方便、省力、安全；

④ 结构紧凑，易于制造与维修。其自动化程度及复杂程度应与工件的生产纲领相适应。

2. 夹紧力的确定

一套夹紧装置中夹紧力的大小和方向是否合理很关键。

【1】夹紧力的方向

确定夹紧力作用方向时，应与工件定位基准的配置及所受外力的作用方向等结合起来考虑，其确定原则是：

① 夹紧力方向应不破坏工件定位的准确性和可靠性，垂直于主定位基面。图 6-39 所示工件是以 A、B 面作为定位基准来镗孔 C，要求保证 C 轴线垂直于 A 面。为此应选择 A 面为主要定位基准，夹紧力 F_Q 作用方向应垂直于 A 面。这样，无论 A 面与 B 面有多大的垂直度误差，都能保证孔 C 轴线与 A 面垂直。否则，夹紧力 F_Q 方向垂直于 B 面，则因 A、B 面间有垂直度误差，使镗出的孔 C 轴线不垂直于 A 面，产生垂直度误差。

② 夹紧力的方向应尽量与主切削力、工件重力方向一致，有利于减小夹紧力，这样可使机构轻便、紧凑，工件变形小。对于手动夹紧来说，可减轻工人劳动强度。

图 6-40 表示了夹紧力 F_Q、切削力 F_p 及工件重力 W 之间三种不同方向的关系，其中左图所需夹紧力最小，较为理想；中间图 $F_Q \geqslant F_p + W$，所需夹紧力比左图大得多；右图完全靠摩擦力克服切削力和重力，故所需夹紧力 $F_Q \geqslant (F_p + W)/\mu$（$\mu$ 为工件与定位元件间的摩擦系数）最大。所以，最理想的夹紧力的作用方向是与重力、切削力方向一致。

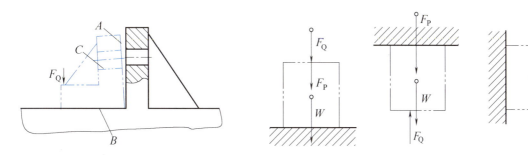

图 6-39　夹紧力的作用方向不垂直于主要定位基准面　　图 6-40　夹紧力方向与夹紧力大小的关系

③ 夹紧力的方向应尽量与工件刚度大的方向相一致，使工件变形最小。由于工件不同方向上的刚度不一致，因此不同的受力面也会因其受力面积不同而变形各异，夹紧薄壁工件时，尤应注意这种情况。如图 6-41 所示套筒的夹紧，用三爪自定心卡盘夹紧外圆显然要比用特制螺母从轴向夹紧工件的变形要大得多。

【2】夹紧力作用点

夹紧力作用点的确定对工件的可靠定位、夹紧后的稳定和变形有显著影响，选择时应依据以下原则：

① 夹紧力的作用点应落在支承元件或几个支承元件形成的稳定受力区域内。图 6-42 中夹紧力作用在支承范围之外，工件发生倾斜，因而不合理，改进后夹紧力作用点可保持工件的稳定。

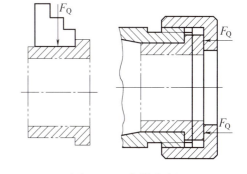

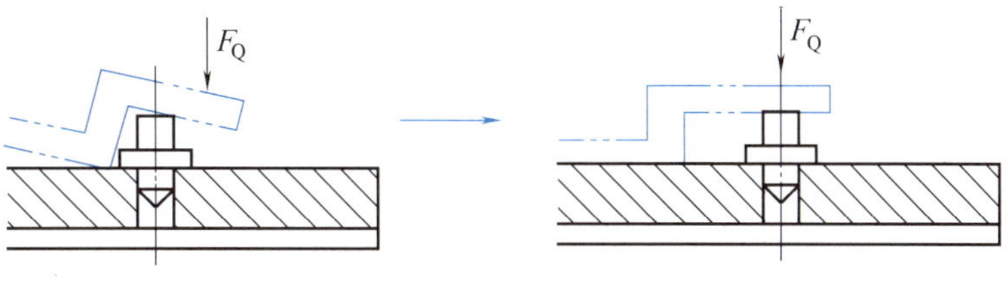

图 6-41　套筒夹紧

图 6-42　夹紧力作用点应在支承面内

② 夹紧力作用点应落在工件刚性好的部位。如图 6-43 所示，将作用在壳体中部的单点改为在工件外缘处的两点夹紧，工件的变形大大改善，夹紧也更可靠。此项原则对刚性差的工件尤为重要。

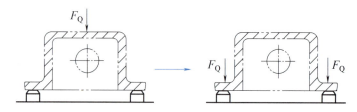

图 6-43　夹紧力作用点与夹紧变形的关系

③ 夹紧力作用点应尽可能靠近加工面。这可减小切削力对夹紧点的力矩，从而减轻工件振动。图 6-44 中，左图若压板直径过小，则对滚齿时的防振不利。右图工件形状特殊，加工面距夹紧力 F_{Q1} 作用点甚远，这时应增设辅助支承，并附加夹紧力 F_{Q2}，以提高工件夹紧后的刚度。

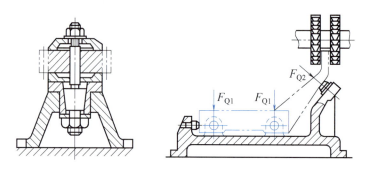

图 6-44　夹紧力作用点应尽可能靠近工件上被加工面

3. 常见的夹紧机构

【1】斜楔夹紧机构

斜楔夹紧机构是采用斜楔作为传力元件或夹紧元件的夹紧机构。斜楔夹紧机构的自锁性能取决于其楔角 α，显然 α 越小其自锁性能就越好，但是夹紧行程越短，斜楔需要移动的距离就越长，工作效率就越低。所以斜楔夹紧机构常与气缸等动力装置联合使用。斜楔夹紧机构工作原理如图 6-45 所示：

① 活塞推动斜楔向左移动；
② 滚子向上移动；
③ 压板的左侧向下运动；
④ 夹紧工件。

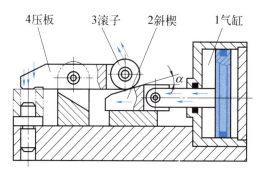

图 6-45　斜楔夹紧机构

为了保证斜楔夹紧机构具有一定的自锁性，通常楔角 $\alpha=6°\sim 8°$；斜楔夹紧机构还有一定的增力作用，通常取增力比 $i=2\sim 5$；斜楔夹紧机构能改变夹紧力的方向，加紧行程较小。

【2】螺旋夹紧机构

螺旋夹紧机构是采用螺杆作中间传力元件的夹紧机构。它的夹紧作用原理与斜楔是一样的，螺纹就像是一个斜楔，落在一根圆柱上，如图 6-46 所示。因此螺纹的升角就相当于斜楔的楔角。由于螺纹的升角很小，所以螺纹的自锁性能很好，采用螺旋压板机构可以快速夹紧工件，并有一定的增力比。由于螺旋夹紧机构结构简单，自锁性能好，可靠性高，增力比 i 可达到 $65\sim 140$，所以广泛应用于手动夹紧机构中，通常使用快速装夹机构，提高工件安装速度。

【3】偏心夹紧机构

偏心夹紧机构，采用偏心件直接或间接夹紧工件，只需压下手柄，偏心轮绕偏心轴转动，压板伸出，压紧工件，如图 6-47 所示。圆偏心轮夹紧机构相当于在工件和基圆盘间加入了一个弧形楔，与斜楔不同的是，该弧形楔的楔角是不断变化的，即在 180° 的回转角范围内，从 0° 升到最大，再从最大减到 0°，所以在最大楔角处，自锁性最差。圆偏心轮夹紧机构操作简单，加紧迅速，但夹紧力和夹紧行程小，一般应用于切削力不大的场合。由于自锁性能差，很少单独直接作用于工件，通常与其他元件联合使用，如偏心压板机构等。

图 6-46 螺旋夹紧机构

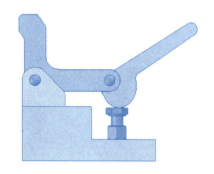

图 6-47 偏心夹紧机构

【4】铰链夹紧机构

铰链夹紧机构是由铰链杠杆组合而成的一种增力机构，如图 6-48 所示。铰链夹紧机构常用于液压气动夹紧中，其优点是动作迅速，增力比大，易于改变力的作用方向，缺点是自锁性能差。

四、常见数控加工夹具的选择

夹具是在机械制造的各类工序中用于装夹工件的装置。机床夹具，是指在各类机床上所使用的夹具，统称为机床夹具。

1. 机床夹具的要求

当用夹具装夹工件来对其进行加工时，必须满足三个条件：

① 工件相对夹具所占有的正确的加工位置。
② 夹具安装在机床上并具有准确的位置。
③ 刀具相对于夹具应具有准确的位置。

图 6-48 铰链夹紧机构

2. 机床夹具的组成

机床夹具基本组成有定位装置、夹紧装置、夹具体、连接元件、对刀装置及其他装置。

① 定位装置——使工件在夹具中占据正确的位置。
② 夹紧装置——将工件压紧夹牢，保证工件在加工过程中受到外力作用时不离开已经占据的正确位置。
③ 夹具体——将夹具上的所有组成部分，连接成一个整体的基础件。
④ 连接元件——确定夹具本身在机床上的位置。
⑤ 对刀装置——确定刀具位置的正确性。
⑥ 其他装置——如分度装置、靠模装置、上下料装置和平衡块等。

3. 机床夹具的功能

机床夹具的主要功能包括定位和夹紧。

① 定位——确定工件在夹具中占有正确位置的过程。定位是通过工件定位基准面与夹具定位元件的定位面接触或配合实现的。
② 夹紧——工件定位后将其固定，使其在加工过程中保持定位位置不变的操作。机床夹具还包括一些特殊功能，如对刀、导向等，对刀指调整刀具切削刃相对工件或夹具的正确位置。导向作用如钻床夹具中的钻模板和钻套，能迅速地确定钻头的位置，并引导其进行钻削。

4. 机床夹具的分类

机床夹具按照使用范围可分通用夹具、专用夹具、组合夹具、成组夹具、随行夹具。机床夹具按照机床分类可分为车床夹具、铣床夹具、钻床夹具、磨床夹具、加工中心机床夹具等，机床夹具按照动力源可分为手动夹紧式、气动夹紧式、液压夹紧式、电磁夹紧式以及真空夹紧式。

〖1〗通用夹具

通用夹具是指结构、尺寸已经规格化，且有较大适用范围的夹具，如图6-49所示，包括三爪自定心卡盘、四爪卡盘、万向平口钳、万能分度头、顶尖、中心架和电子吸盘等。通用夹具适应性强，可用来装夹一定形状和尺寸范围内的各种工件，这类夹具已经商品化，且成为机床附件。它的缺点是夹具的加工精度不高、生产效率较低且难装夹形状复杂的工件，一般适用于单件小批量生产中。

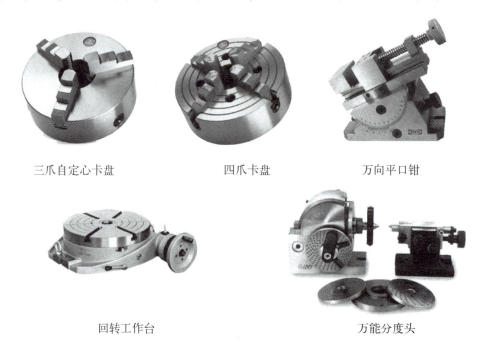

三爪自定心卡盘　　　　四爪卡盘　　　　万向平口钳

回转工作台　　　　　　万能分度头

图6-49　通用夹具

〖2〗专用夹具

专用夹具是针对某一工件的某道工序专门设计制造的夹具，适于在产品相对稳定、产量较大的场合

图6-50　专用夹具

应用。如图6-50所示为连杆加工专用夹具，该夹具靠工作台T形槽和夹具体上定位键确定其在数控铣床上的位置，利用梯形螺栓紧固。专用夹具具有结构合理、刚性强、装夹稳定可靠、操作方便、安装精度高和装夹速度快等优点，选用这种夹具，一般工件加工后尺寸比较稳定，互换性比较好，可大大地提高生产率。但是专用夹具所固有的只能为一种零件加工所专用的狭隘性与产品品种不断变形更新的形势不相适应，特别是专用夹具的设计和制造周期长，花费的劳动量较大，加工简单零件不太经济。

〖3〗组合夹具

组合夹具是用一套预先制造好的标准元件和部件组装而成的夹具。组合夹具结构灵活多变，设计和组装周期短，夹具零部件能长期重复使用，适于在多品种单件小批生产或新产品试制等场合应用。如图6-51所示，组合夹具有槽系组合夹具和孔系组合夹具。组合夹具的基本特点是：满足三化，即标准化、系列化、通用化；具有组合性、可调性、模拟性、柔性、应急性和经济性等特点；使用寿命较长，能适应产品加工的周期短、成本低等要求，比较适合加工中心应用。但由于组合夹具是由各种通用标准元件组合而成的，各元件间相互配合的环节较多，夹具精度、刚性仍比不上专用夹具，尤其是元件连接的结合面刚度，对加工精度影响较大。通常采用组合夹具的尺寸加工精度只能达到IT8～IT9级，这就使得组合夹具在应用范围上受到一定限制。图6-52所示为几种典型的孔系组合夹具。

图 6-51 组合夹具

图 6-52 孔系组合夹具

(4) 成组夹具

成组夹具是在采用成组加工时,为每个零件组设计制造的夹具,当改换加工同组内另一种零件时,只需调整或更换夹具上的个别元件,即可进行加工。成组夹具适于在多品种、中小批生产中应用。成组夹具是随成组加工工艺的发展而出现的,如图 6-53 所示。使用成组夹具的基础是对零件的分类及编码系统中的零件簇通过工艺分析,把形状相似、尺寸相近的各种零件进行分组,编制成组工艺,然后把定位、夹紧和加工方法相同或相似的零件集中起来,统筹考虑夹具的设计方案,对结构外形相似的零件采用成组夹具,具有经济、夹紧精度高等特点。

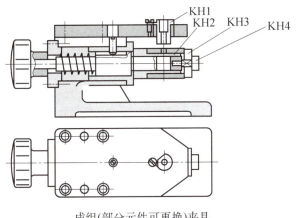

成组(部分元件可更换)夹具

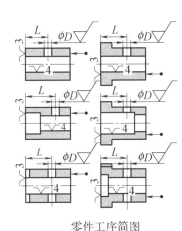

零件工序简图

图 6-53 成组夹具

(5) 随行夹具

随行夹具是在自动生产线、加工中心、柔性制造系统、自动化生产中,始终随工件一起移动的夹具,如图 6-54 所示。用于外形不太规则,不便于自动定位、夹紧和运送的工件。工件在用随行夹具安装、定位后,由运送装置把随行夹具运送到各个工位上。随行夹具一般以其底平面和两定位孔在机床上定位,并由机床工作台上的夹紧机构夹紧,从而保证工件与刀具的相对位置。当工件加工精度要求较高时,常把随行夹具的底平面分开成为定位基面和运输基面,以保证定位基面的精度。随行夹具属于专用夹具范围,其装夹工件部分需按工件外形和工艺要求设计。

图 6-54 随行夹具

拓展训练

完成图 6-55 所示零件的加工。其材料为塑料板,毛坯为六面已经加工好的 50mm×50mm×30mm 的长方料,单件生产,Ra 为 3.2μm。

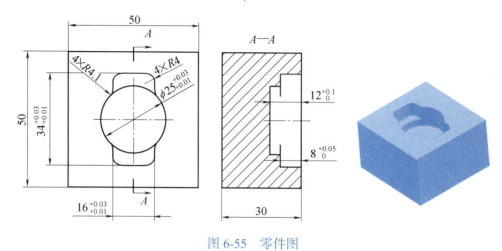

图 6-55 零件图

任务七　通孔的加工

任务目标

【知识目标】

1. 掌握刀具材料的基本性能要求及常用刀具材料。
2. 掌握数控铣刀及孔加工刀具的种类及应用。
3. 掌握加工方法的选择原则及内孔、平面常见加工方法。
4. 掌握加工阶段划分的目的及加工阶段划分注意事项。
5. 掌握定位基准的选择原则及加工顺序的安排原则。

【能力目标】

1. 能针对工件材料和加工需求合理选择切削刀具。
2. 能根据编程规则，通过固定循环编程指令正确编制孔的数控加工程序。
3. 能够选择定位基准，并找正零件。
4. 能够根据数控加工工艺卡选择、安装和调整加工刀具。
5. 能够运用数控加工程序进行通孔加工，并达到加工要求。
6. 能针对工件材料、图形结构、加工状况确定其加工方式、加工流程、加工路线。

【思政与素质目标】

培养认真细致的工作精神，弘扬精益求精的专业精神、职业精神、工匠精神和劳模精神。

任务实施

【任务内容】

现有一毛坯为已经加工好的 100mm×80mm×25mm 的 45 钢，试加工如图 7-1 所示的工件。

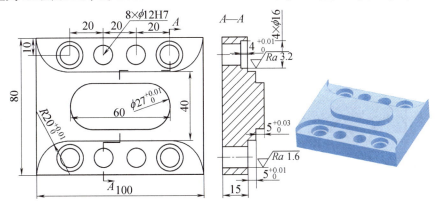

图 7-1　通孔工件的加工示例

【工艺分析】

7.1 零件图分析

① 工件中有两个高 5mm 的阶台，阶台两侧各有 4 个 φ12H7 的通孔，四角的通孔还有深 4mm、φ16mm 的沉孔槽。

② 该工件四周平面和通孔底面的表面粗糙度 Ra 为 3.2μm，沉孔外所有孔的侧面的表面粗糙度 Ra 为 1.6μm。孔及轮廓的加工均需要安排粗加工和精加工。

7.2 确定装夹方式和加工方案

① 装夹方式：采用机用平口钳装夹，底部用等高垫块垫起，使加工平面高于钳口 10mm。等高垫块所放置的位置不能影响钻孔加工。

② 加工方案：本着先面后孔和先粗后精的原则，首先使用立铣刀 T02 先粗铣和精铣外轮廓，然后用中心钻 T03 定位，用麻花钻 T04 钻孔，钻削周边的 8 个通孔，然后再使用铣刀 T05 铣削沉孔槽，最后使用铰刀 T06 铰削通孔。

7.3 加工刀具选择

① 选择使用 φ25mm 的立铣刀 T02 粗铣和精铣外轮廓。
② 选择使用 A4 中心钻 T03 定位。
③ 选择使用 φ11.7mm 的麻花钻 T04 钻削 φ12mm 的通孔。
④ 选择 φ10mm 的立铣刀 T05 铣削沉孔槽。
⑤ 选择 φ12H7 的铰刀 T06 铰孔。

7.4 走刀路线确定

① 建立工件坐标系的原点：设在工件上表面的对称几何中心上。
② 确定起刀点：设在工件上表面对称几何中心的上方 100mm 处。
③ 确定下刀点：铣削外轮廓时设在 a 点上方 100mm（X-70，Y-60，Z100）处；加工通孔时设在 O 点上方 100mm（X0，Y0，Z100）处。
④ 确定走刀路线：铣削外轮廓 1 时走刀路线为 a-b-c-d-e-f-g-a；铣削外轮廓 2 时走刀路线为 a-h-i-j-k-l-m-a-n-o-p-q-r-s-t；加工通孔时走刀路线为 a-A-B-C-D-a-E-F-G-H，如图 7-2 所示。

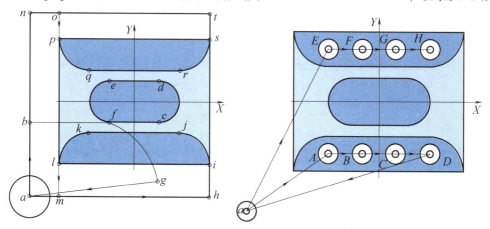

图 7-2　走刀路线示意图

【编写技术文件】

7.5 工序卡(见表7-1)

表7-1 本任务工件的工序卡

材料	45钢	产品名称或代号		零件名称		零件图号	
		N0080		通孔		XKA008	
工序号	程序编号	夹具名称		使用设备		车间	
0001	O0080	机用平口钳		VMC850-E		数控车间	
工步号	工步内容	刀具号	刀具规格 ϕ/mm	主轴转速 n/(r/min)	进给量 f/(mm/min)	背吃刀量 a_p/mm	备注
1	粗铣外轮廓	T02	ϕ25的立铣刀	400	80	3	
2	精铣外轮廓	T02	ϕ25的立铣刀	400	80	0.5	
3	钻定位点	T03	A4中心钻	1400	70		
4	钻ϕ12mm孔	T04	ϕ11.7的麻花钻	500	80		自动O0080
5	铣ϕ16mm沉孔	T05	ϕ10的立铣刀	600	90	2	
6	铰ϕ12mm孔	T06	ϕ12H7铰刀	160	60		
7	去除毛刺						手工
编制		批准		日期		共1页	第1页

7.6 刀具卡(见表7-2)

表7-2 本任务工件的刀具卡

产品名称或代号		N0080	零件名称	通孔		零件图号		XKA008
刀具号	刀具名称	刀具规格 ϕ/mm	加工表面	刀具半径补偿号D	补偿值/mm	刀具长度补偿H	补偿值/mm	备注
T02	立铣刀	25	铣外轮廓	D02	12.5	H02		
T03	中心钻	A4	钻定位点	D03	27	H03		刀长补偿值在操作时确定
T04	麻花钻	11.7	钻ϕ12孔			H04		
T05	立铣刀	10	铣ϕ16孔	D05	5	H05		
T06	铰刀	12H7	铰ϕ12孔			H06		
制		批准		日期		共1页	第1页	

7.7 编写参考程序

(1) 计算节点坐标（见表 7-3）

表 7-3 节点坐标

节点	X 坐标值	Y 坐标值	节点	X 坐标值	Y 坐标值
a	−70	−60	o	−50	60
b	−70	−13.5	p	−50	40
c	16.5	−13.5	q	−30	20
d	16.5	13.5	r	30	20
e	−16.5	13.5	s	50	40
f	−16.5	−13.5	t	50	60
g	20	−50	A	−30	−30
h	50	−60	B	−10	−30
i	50	−40	C	10	−30
j	30	−20	D	30	−30
k	−30	−20	E	−30	30
l	−50	−40	F	−10	30
m	−50	−60	G	10	30
n	−70	60	H	30	30

(2) 编制加工程序（见表 7-4，子程序见表 7-5～表 7-9）

表 7-4 本任务工件的参考程序

程序段号	程序内容	说明
	程序号：O0080	
N10	G17 G21 G40 G49 G54 G69 G80 G90 G94 G98;	设置工作环境
N20	T02 M06;	换立铣刀（数控铣床中手动换刀）
N30	S400 M03;	开启主轴
N40	G00 X−70 Y−60;	快速定位到下刀点 a
N50	G43 G00 Z100 H02;	快速定位到初始平面
N60	Z5 M08;	快速定位到 R 平面，开启切削液
N70	G01 Z1.5 F80;	定位
N80	M98 P20040;	粗铣外轮廓 1
N90	G01 Z−2;	定位
N100	M98 P0040;	精铣外轮廓 1
N110	G00 Z100 M09;	快速返回到初始平面，关闭切削液
N120	X0 Y0;	返回到程序起点
N130	M05;	主轴停止
N140	M00;	程序暂停
N150	T02 M06;	换立铣刀（数控铣床中手动换刀）
N160	S400 M03;	开启主轴
N170	G00 X−70 Y−60;	快速定位到下刀点 a
N180	G43 G00 Z100 H02;	快速定位到初始平面
N190	Z0 M08;	快速定位到 R 平面，开启切削液
N200	G01 Z−3.5 F80;	定位
N210	M98 P20042;	粗铣外轮廓 2

续表

程序段号	程序内容	说明
N220	G01 Z-7;	定位
N230	M98 P0042;	精铣外轮廓2
N240	G00 Z100 M09;	快速返回到初始平面，关闭切削液
N250	X0 Y0;	返回到程序起点
N260	M05;	主轴停止
N270	M00;	程序暂停
N280	T03 M06;	换中心钻（数控铣床中手动换刀）
N290	S1400 M03;	开启主轴
N300	G00 X-70 Y-60;	快速定位到下刀点 a
N310	G43 G00 Z100 H03;	快速定位到初始平面
N320	G99 G81 X-30 Y-30 Z-16 R-5 F70;	钻削定位点 A 后返回到 R 平面
N330	G91 X20 Z-11 K3;	钻削定位点 B、C 和 D
N340	G90 G00 Z100;	返回到初始平面
N350	X-70 Y-60;	返回到 a 点
N360	G99 G81 X-30 Y30 Z-16 R-5 F70;	钻削定位点 E 后返回到 R 平面
N370	G91 X20 Z-11 K3;	钻削定位点 F、G 和 H
N380	G90 G00 Z100;	返回到初始平面
N390	X-70 Y-60;	返回到 a 点
N400	M05;	主轴停止
N410	M00;	程序暂停
N420	T04 M06;	换 ϕ11.7mm 的麻花钻（数控铣床中手动换刀）
N430	S500 M03;	开启主轴
N440	G00 X-70 Y-60;	快速定位到下刀点 a
N450	G43 G00 Z100 H04;	快速定位到初始平面
N460	G99 G83 X-30 Y-30 Z-29 R-5 Q3 F80;	钻削定位点 A 后返回到 R 平面
N470	G91 X20 Z-24 K3;	钻削定位点 B、C 和 D
N480	G90 G00 Z100;	返回到初始平面
N490	X-70 Y-60;	返回到 a 点
N500	G99 G83 X-30 Y30 Z-29 R-5 Q3 F80;	钻削定位点 E 后返回到 R 平面
N510	G91 X20 Z-24 K3;	钻削定位点 F、G 和 H
N520	G90 G00 Z100;	返回到初始平面
N530	X0 Y0;	返回到工件原点
N540	M05;	主轴停止
N550	M00;	程序暂停
N560	T05 M06;	换 ϕ10mm 的立铣刀（数控铣床中手动换刀）
N570	S600 M03;	开启主轴
N580	G00 X-70 Y-60;	快速定位到下刀点 a
N590	G43 G00 Z100 H05;	快速定位到初始平面
N600	X-30 Y-30;	铣削 A 点沉孔槽
N610	M98 P0043;	
N620	X30;	铣削 D 点沉孔槽
N630	M98 P0043;	
N640	G00 Z100;	返回到初始平面
N650	X-70 Y-60;	返回到 a 点

续表

续表

程序段号	程序内容	说明
N660	X-30 Y30;	铣削 E 点沉孔槽
N670	M98 P0043;	
N680	X30 Y30;	铣削 H 点沉孔槽
N690	M98 P0043;	
N700	G00 Z100;	返回到初始平面
N710	X0 Y0 M09;	返回到工件原点
N720	M05;	主轴停止
N730	M00;	程序暂停
N740	T06 M06;	换 φ12H7 铰刀（数控铣床中手动换刀）
N750	S160 M03;	开启主轴
N760	G43 G00 Z100 H06;	快速定位到初始平面
N770	G00 X-70 Y-60;	快速定位到下刀点 a
N780	G99 G85 X-30 Y-30 Z-26 R-5 F60;	铰削定位点 A 后返回到 R 平面
N790	G91 X20 Z-21 K3;	铰削定位点 B、C 和 D
N800	G90 G00 Z100;	返回到初始平面
N810	X-70 Y-60;	返回到 a 点
N820	G99 G85 X-30 Y30 Z-26 R-5 F60;	铰削定位点 E 后返回到 R 平面
N830	G91 X20 Z-21 K3;	铰削定位点 F、G 和 H
N840	G90 G00 Z100;	返回到初始平面
N850	X0 Y0;	返回到工件原点
N860	M05;	主轴停止
N870	M30;	程序结束

表 7-5　本任务工件的子程序（一）

程序号：O0040		
程序段号	程序内容	说明
N10	D03;	D03=27
N20	M98 P0041;	铣削外轮廓 1
N30	G91 G00 Z3 D02;	D02=12.5
N40	M98 P0041;	铣削外轮廓 1
N50	M99;	子程序结束，返回到主程序

表 7-6　本任务工件的子程序（一）的子程序

程序号：O0041		
程序段号	程序内容	说明
N10	G91 G01 Z-3 F80;	进刀
N20	G90 G42 G00 Y-13.5;	进给到 b 点
N30	G01 X16.5 F80;	铣削进给到 c 点
N40	G03 Y13.5 R13.5;	铣削进给到 d 点
N50	G01 X-16.5;	铣削进给到 e 点
N60	G03 Y-13.5 R13.5;	铣削进给到 f 点
N70	G02 X20 Y-50 R36.5;	铣削进给到 g 点
N80	G40 G00 X-70 Y-60;	返回到 a 点，取消半径补偿
N90	M99;	子程序结束，返回到上级子程序

表 7-7　本任务工件的子程序（二）

程序段号	程序内容	说明
程序号：O0042		
N10	G91 G01 Z-3 F80；	进刀
N20	G90 G00 X50；	快速定位到 h 点
N30	G41 G01 Y-40 F80 D02；	铣削进给到 i 点
N40	G03 X30 Y-20 R20；	铣削进给到 j 点
N50	G01 X-30；	铣削进给到 k 点
N60	G03 X-50 Y-40 R20；	铣削进给到 l 点
N70	G40 G01 Y-60；	返回到 m 点，取消半径补偿
N80	G00 X-70；	返回到 a 点
N90	Y60；	快速定位到 n 点
N100	X-50；	快速定位到 o 点
N110	G41 G01 Y40 F80 D02；	铣削进给到 p 点
N120	G03 X-30 Y20 R20；	铣削进给到 q 点
N130	G01 X30；	铣削进给到 r 点
N140	G03 X50 Y40 R20；	铣削进给到 s 点
N150	G40 G01 Y60；	返回到 t 点，取消半径补偿
N160	G00 X-70；	快速定位到 n 点
N170	Y-60；	快速定位到 a 点
N180	M99；	子程序结束，返回到上级子程序

表 7-8　本任务工件的子程序（三）

程序段号	程序内容	说明
程序号：O0043		
N10	G00 Z-8；	进刀
N20	M98 P20044；	铣削沉槽
N30	G90 G00 Z-5；	返回到 R 平面
N40	M99；	子程序结束，返回到主程序

表 7-9　本任务工件的子程序（三）的子程序

程序段号	程序内容	说明
程序号：O0044		
N10	G91 G01 Z-4 F90；	进刀
N20	G41 G01 X-6 Y-2 D05；	引入半径补偿
N30	G03 X6 Y-6 R6；	圆弧切入
N40	J8；	铣削一个整圆
N50	X6 Y6 R6；	圆弧切出
N60	G40 G01 X-6 Y2；	取消半径补偿
N70	Z2；	退刀
N80	M99；	子程序结束，返回到上一级子程序

【零件加工】

加工操作同前面任务，不再赘述。

知识拓展

——加工刀具选择

一、刀具材料的基本性能要求及常用刀具材料

1. 刀具材料的基本性能要求

性能优良的刀具材料是保证刀具高效工作的基本条件，刀具切削部分在强烈摩擦、高压、高温下工作，应具备一些基本要求。

（1）高硬度

刀具是从工件上去除材料，所以刀具材料的硬度必须高于工件材料的硬度。刀具材料硬度应在60HRC以上。碳素工具钢材料，在室温条件下硬度应在62HRC以上；高速钢硬度为63～70HRC；硬质合金刀具硬度为89～93HRC。

（2）高强度与强韧性

强度是指抵抗切削力的作用，而不至于刀刃崩碎与刀杆折断所应具备的性能，一般用抗弯强度来表示。冲击韧性是指刀具材料在间断切削或有冲击的工作条件下，保证不崩刃的能力。一般硬度越高，冲击韧性越低，材料越脆。硬度和韧性是一对矛盾体，也是刀具材料所应克服的一个关键。刀具材料在切削时受到很大的切削力与冲击力，因此必须具有较高的强度和较强的韧性。

（3）较强的耐磨性和耐热性

刀具耐磨性是刀具抵抗磨损的能力。一般刀具硬度越高，耐磨性越好；刀具金相组织中硬质点（如碳化物、氮化物等）越多，颗粒越小，分布越均匀，则刀具耐磨性越好。

刀具材料耐热性是衡量刀具切削性能的主要标志，它综合反映了刀具材料在高温下保持硬度、耐磨性、强度、抗氧化、抗粘结和抗扩散的能力。通常用高温下保持高硬度的性能来衡量，也称热硬性。刀具材料高温硬度越高，则耐热性越好，高温抗塑性变形能力、抗磨损能力越强。

（4）优良的导热性

刀具导热性好，表示切削产生的热量容易传导出去，降低了刀具切削部分温度，减少刀具磨损。刀具材料导热性好，其抗热震性和抗热裂纹性能也强。

（5）良好的工艺性与经济性

刀具不但要有良好的切削性能，本身还应该易于制造，这要求刀具材料有较好的工艺性，如锻造、热处理、焊接、磨削、高温塑性变形等功能。

经济性也是刀具材料的重要指标之一，选择刀具时，要考虑经济效果，以降低生产成本。

2. 常用刀具材料

当前超硬材料及涂层刀具材料费用都比较贵，但其使用寿命很长。在成批大量生产中，分摊到每个零件中的费用反而有所降低，因此在选用时一定要综合考虑。常用刀具材料有工具钢、高速钢、硬质合金、陶瓷和超硬刀具材料。目前用得最多的为高速钢和硬质合金。硬质合金可分为P、M、K三类，P类硬质合金主要用于加工长切屑的黑色金属，用蓝色做标志。M类主要用于加工黑色金属和有色金属，用黄色做标志，又称通用硬质合金。K类主要用于加工短切屑的黑色金属、有色金属和非金属材料，用红色做标志。P、M、K后面的阿拉伯数字表示其性能和加工时承受的载荷情况，数字越小，硬度越高，韧性当然也就越差。

（1）高速钢

高速钢是一种含有钨、钼、铬、钒等合金元素较多的工具钢。高速钢具有良好的热稳定性、较高强度和韧性、一定的硬度（63～70HRC）和耐磨性。高速钢种类、特点及适用范围见表7-10。

（2）硬质合金

① 硬质合金的组成。硬质合金由难熔金属碳化物和金属胶黏剂经粉末冶金方法制成。

② 硬质合金的性能特点。

表7-10 高速钢种类、特点及适用范围

分类		特点	适用范围
普通高速钢	钨系高速钢（简称W18）	优点：钢磨削性能和综合性能好，通用性强。 缺点：碳化物分布常不均匀，强度与韧性不够强，热塑性差，不宜制造成大截面刀具	适于制造加工轻合金、碳素钢、合金钢、普通铸铁的精加工和复杂刀具
	钨钼钢（将一部分钨用钼代替所制成的钢）	优点：减小了碳化物数量及分布的不均匀性。 缺点：高温切削性能和W18相比稍差	适于制造加工轻合金、碳钢、合金钢的热成形刀具以及承受冲击、结构薄弱的刀具
高性能高速钢		优点：具有较强的耐热性，刀具耐用度是普通高速钢的1.5～3倍。 缺点：强度与韧性较普通高速钢低，高钒高速钢磨削加工性差	适合制造加工奥氏体不锈钢、高温合金、钛合金、超高强度钢等难加工材料的刀具
粉末冶金高速钢		优点：无碳化物偏析，提高钢的强度、韧性和硬度，硬度值达69～70HRC；保证材料各向同性；减小热处理内应力和变形；磨削加工性好，磨削效率是熔炼高速钢2～3倍；耐磨性好	适于制造切削难加工材料的刀具、大尺寸刀具（如滚刀和插齿刀）、精密刀具和磨削加工量大的复杂刀具

硬质合金优点：硬质合金中的高熔点、高硬度碳化物含量高，热熔性好，热硬性好，切削速度高。

硬质合金缺点：脆性大，抗弯强度和抗冲击韧性不强。抗弯强度只有高速钢的1/3～1/2，冲击韧性只有高速钢的1/4～1/35。

硬质合金力学性能主要由组成硬质合金碳化物的种类、数量、粉末颗粒的粗细和胶黏剂的含量决定。

③普通硬质合金的种类、牌号及适用范围见表7-11。

表7-11 普通硬质合金的种类、牌号及适用范围

种类	牌号	适用范围
钨钴类	WC+Co 合金代号为YG，对应于国标K类	1. 合金钴含量越高，韧性越好，适于粗加工； 2. 钴含量低，适于精加工
钨钛钴类	WC+TiC+Co 合金代号为YT，对应于国标P类	1. 此类合金有较高的硬度和耐热性，主要用于加工切屑成带状的钢件等塑性材料。 2. 合金中TiC含量高，则耐磨性和耐热性提高，但强度降低，粗加工一般选择TiC含量少的牌号，精加工选择TiC含量多的牌号
钨钛钽（铌）钴类	WC+TiC+TaC（Nb）+Co 合金代号为YW，对应于国标M类	适用于加工冷硬铸铁、有色金属及合金半精加工，也能用于高锰钢、淬火钢、合金钢及耐热合金钢的半精加工和精加工
碳化钛基类	WC+TiC+Ni+Mo 合金代号为YN，对应于国标P01类	用于精加工和半精加工，对于大长零件且加工精度较高的零件尤其适合，但不适于有冲击载荷的粗加工和低速切削

④超细晶粒硬质合金。超细晶粒硬质合金多用于YG类合金，它的硬度和耐磨性得到较大提高，抗弯强度和冲击韧度也得到提高，已接近高速钢。适合作小尺寸铣刀、钻头等，并可用于加工高硬度难加工材料。

【3】陶瓷刀具

①材料组成：主要由硬度和熔点都很高的Al_2O_3、Si_3N_4等氧化物、氮化物组成，另外还有少量的金属碳化物、氧化物等添加剂，通过粉末冶金工艺方法制粉，再压制烧结而成。

②常用种类：Al_2O_3基陶瓷和Si_3N_4基陶瓷。

③优点：有很高的硬度和耐磨性，刀具寿命比硬质合金高；具有很好的热硬性，摩擦系数低，用该类刀具加工时能提高表面光洁度。

④缺点：强度和韧性差，热导率低。陶瓷最大缺点是脆性大，抗冲击性能很差。

⑤适用范围：高速精细加工硬材料。

(4) 金刚石刀具

① 分类：天然金刚石刀具；人造聚晶金刚石刀具；复合聚晶金刚石刀具。

② 优点：极高的硬度和耐磨性，人造金刚石硬度达 10000HV，耐磨性是硬质合金的 60～80 倍；切削刃锋利，能实现超精密微量加工和镜面加工；很高的导热性。

③ 缺点：耐热性差，强度低，脆性大，对振动很敏感。

④ 适用范围：用于高速条件下精细加工有色金属及其合金和非金属材料。

(5) 立方氮化硼刀具

① 概念：立方氮化硼（简称 CBN）是由六方氮化硼为原料在高温高压下合成的。

② 优点：硬度高，硬度仅次于金刚石，热稳定性好，较高的导热性和较小的摩擦系数。

③ 缺点：强度和韧性较差，抗弯强度仅为陶瓷刀具的 1/5～1/2。

④ 适用范围：适用于加工高硬度淬火钢、冷硬铸铁和高温合金材料。它不宜加工塑性大的钢件和镍基合金，也不适合加工铝合金和铜合金，通常采用负前角的高速切削。

(6) 涂层刀具

① 概念：涂层刀具是在韧性较好的硬质合金基体上或高速钢刀具基体上，涂覆一层耐磨性较高的难熔金属化合物而制成的。

② 常用的涂层材料有：TiC、TiN、Al_2O_3 等。

③ 涂层形式：可以采用单涂层和复合涂层。

④ 优点：涂层刀具具有高的抗氧化性能和抗粘结性能，因此具有较高的耐磨性。

⑤ 适用范围：主要用于车削、铣削等加工，由于成本较高，还不能完全取代未涂层刀具的使用。不适合受力大和冲击大的粗加工，高硬材料的加工以及进给量很小的精密切削。

二、数控铣刀及孔加工刀具选择

1. 数控铣刀种类及选择

(1) 面铣刀

平面铣削主要是对工件的表面进行加工，使工件的精度和质量达到加工要求。平面铣削需要考虑加工平面的大小，具体的位置以及加工表面的平整程度。此外工件加工面的基准定位及平行度、垂直度都要考虑在内。在平面的铣削加工过程中，主要有立铣刀圆周铣和面铣刀端面铣这两种方式。在平面作业时，端面铣的效率和质量较高，所以在一般情况下，平面铣削都会使用面铣刀，如图 7-3 所示。

图 7-3 面铣刀

在利用面铣刀进行端面铣削时，轴线必须垂直于加工工件的表面，细长的主轴线会直接影响到加工工件表面平面度的好坏。端面铣削面铣刀刀柄夹性较好，振动幅度不大，比较稳定。端面铣削工件时刀齿的主切削刃与副切削刃同时工作，使加工工件的表面质量较好，其中主切削刃负责切削，副切削刃，起到修光的作用。

(2) 立铣刀

立铣刀，如图 7-4 所示，用于加工沟槽、台阶面等，刀齿在圆周和端面上，一般工作时不能沿轴向进给。但当立铣刀有通过中心的端齿时可轴向进给。切削刃有双刃、三刃、四刃，直径一般在 2～15mm 之间，大量用于切入式铣削、高精度沟槽加工等。选择立铣刀时主要考虑工件材料和加工部位，在加工切屑呈长条状、韧性强的材料时，使用直齿或是左旋的立铣刀，为减小切削阻力，可沿着齿的长度方向继续加工。在切削铝铸件时，选择齿数少且前角大的铣刀，可以减少切削热。在进行沟槽加工时，要根据切屑的排出量选择适当的齿槽，否则容易发生切屑堵塞，常常损坏刀具。选择立铣刀时，应注意以下三个方面：根据不发生切削堵塞的条件来选定刀具；为了防止崩刃，要进行切削刃的珩磨；选定适当的齿槽。

(3) 方肩铣刀

方肩铣刀最大的特点是具有 90° 的主偏角，如图 7-5 所示，使其具有良好的经济性、灵活性和可靠性。使用方肩铣削加工可以获得真正的90°平直的侧壁，90°的主偏角也意味着切削冲击力的增加，如果不通过合理地选择硬质合金的材质和切削刃的几何角度来补偿，那么这些冲击力将会导致切削刃破坏和切削振动。

图7-4 立铣刀

图7-5 方肩铣刀

方肩铣刀由于有较高的金属去除力，使其在当今铣削工序中所占的比重最大，同时在生产效率、可靠性以及质量方面要求下，方肩铣刀一直在持续改进，在许多需要进行端面边缘和槽切削的立铣应用中，可以采用方肩铣削的方式。方肩铣削可以使用传统方肩铣刀，也可以使用锥度立铣刀、长刃铣削刀具和三面刃铣削刀具，由于存在多种选择，因此有必要仔细考虑加工要求，以做出最佳选择。目前，在改进这些铣削工序方面有两个主要的方向，一个是通过更高的金属去除率来实现，尤其是在更小的机床上。另一个则是通过一次走刀而获得更好的表面质量来实现。

2.孔加工刀具选择

在金属切削加工中，孔加工占有一定的比重，各种孔加工刀具被广泛使用，如图7-6所示。通常孔加工刀具有两大类，第一类是从实心材料中加工出孔的刀具，如麻花钻、扁钻、中心钻及深孔钻等。另一类是对已有孔进行再加工的刀具，如扩孔钻、铰刀、锪钻、镗刀等。

(1) 钻头

钻头作为孔加工中最常用的刀具，被广泛用于机械制造中。钻头具有顶端部分的切削刃和刀体部分的排出切屑用槽，如图7-7所示。切削时，越接近外缘部分，钻头的切削速度越高，向中心切削速度递减，钻头的旋转中心切削速度为零。

图7-6 孔加工类刀具

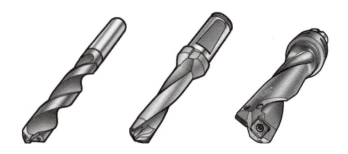

图7-7 钻头

(2) 丝锥

丝锥是加工中小尺寸内螺纹的刀具，沿轴向开有沟槽，也叫螺纹攻，如图7-8所示。它结构简单，使用方便，既可手工操作，也可以在机床上工作，在生产中应用非常广泛。对于小尺寸的内螺纹来说，丝锥几乎是唯一的加工刀具。攻螺纹属于比较困难的加工工序，因为丝锥几乎被埋在工件中进行切削，其每齿加工负荷比其他刀具都要大，并且丝锥沿着螺纹与工件接触面非常大，切削螺纹必须容纳并排出切屑。丝锥根据其形状可以分为直槽丝锥、螺旋槽丝锥、螺尖丝锥。

(3) 铰刀

铰削加工一般工作方式是工件不动，铰刀一边旋转一边向孔中心做轴向进给，铰孔的尺寸和几何形状精度直接由铰刀决定。铰刀由工作部分、颈部和柄部组成，工作部分由切削部分和校准部分组成，如图7-9所示，其中切削部分呈锥形，承担主要的切削工作，校准部分用于校准孔径，修光孔壁的导向会减少校准部分与已加工孔壁的摩擦。为防止孔径扩大，校准部分的后端应加工成倒锥形状，铰刀的柄部为夹持和传递扭矩的部分通常作为锥柄。

图 7-8　丝锥

图 7-9　铰刀

【4】镗刀

镗刀是镗削刀具中的一种，按其切削刃数量可以分为单刃镗刀、双刃镗刀和三刃镗刀，如图 7-10 所示。按其加工工艺分为粗加工镗刀、精加工镗刀。按其加工表面可分为通孔镗刀、阶梯孔镗刀和端面镗刀。按其结构可以分为整体式、装配式、可调式镗刀。镗削一般可用于车床、镗床及加工中心。镗削工序主要用于箱体、支架和基座等工件上的圆柱孔、螺纹孔、端面和孔内沟槽的加工，当采用特殊附件时，也可加工内外球面、锥孔等特征。镗削加工，可以获得较高的精度和

图 7-10　镗刀

表面质量，孔的加工精度可以达到 IT6 级和 IT7 级，孔距误差不超过 0.015mm。表面粗糙度可以达到 $Ra0.8\sim1.6\mu m$。

——加工工艺路线确定

一、加工方法选择

铣削加工适应性强，灵活性好，能加工轮廓形状特别复杂或难以控制尺寸的零件，如模具类零件、壳体类零件、复杂曲线类零件以及三维空间曲面类零件等。可以铣削平面、台阶面、成型曲面、螺旋面、键槽、梯形槽、燕尾槽、螺纹、齿形、叶轮等。孔加工，包括钻孔、扩孔、铰孔、锪孔、镗孔、铣孔、螺纹加工等。常见的孔加工刀具有麻花钻、中心钻、扁钻、深孔钻等，可以在实体材料上加工出孔。而铰刀、扩孔钻、镗刀等，可以在已有孔的材料上进行扩孔加工。同时，孔也可通过螺旋插补铣、圆周插补铣等方法进行加工。

1. 加工方法选择原则

机械零件的结构形状是多种多样的，但它们都是由平面、外圆柱面、内孔或曲面、成形面等基本表面组成，每一种表面都有多种加工方法，具体加工方法选择时，应考虑的因素如下：

① 零件加工表面的精度和表面粗糙度要求。
② 零件尺寸、结构形状及材料的加工性。
③ 生产批量和生产节拍要求。
④ 企业现有加工设备和加工能力。
⑤ 经济性。

2. 平面加工方法

平面加工方法及所能达到的加工精度见表 7-12。

任务七 通孔的加工

表 7-12 平面加工方法及所能达到的加工精度

平面加工技术要求	常见平面加工方法	精度等级	适用范围
尺寸精度：本身的尺寸精度（长度、宽度等） 形状精度：平面度、直线度等 位置精度：平行度、垂直度等 表面质量：表面粗糙度等	粗铣（粗刨）	IT13～IT11，$Ra25～12.5\mu m$	三种加工方法适用于淬火钢以外的各种金属加工
	半精铣（半精刨）	IT10～IT8，$Ra6.3～3.2\mu m$	
	精铣（精刨）	IT8～IT7，$Ra1.6～0.8\mu m$	
	拉削	IT8～IT7，$Ra0.8～0.2\mu m$	适用于大量生产，精度视拉刀精度而定
	粗磨	IT8～IT7，$Ra0.8～0.2\mu m$	适用于淬火钢加工，也可用于未淬火钢，但不宜用于有色金属加工
	精磨	IT6～IT5，$Ra0.4～0.025\mu m$	
	研磨	IT5～IT3，$Ra0.1～0.008\mu m$	极高精度的平面加工

平面铣削常见工艺路线见表 7-13。

表 7-13 平面铣削常见工艺路线

尺寸公差等级	表面粗糙度（Ra）/μm	常见工艺路线
IT13～IT11	25～12.5	粗铣（刨）
IT10～IT8	6.3～3.2	粗铣（刨）—半精铣（刨）
IT8～IT7	1.6～0.8	粗铣（刨）—半精铣（刨）—精铣（刨）
IT7～IT6	0.8～0.2	粗铣（刨）—半精铣（刨）—刮研（宽刃细刨、高速铣削）
IT6～IT5	0.4～0.025	粗铣（刨）—精铣（刨）—粗磨—精磨
IT5～IT3	0.1～0.008	粗铣（刨）—精铣（刨）—粗磨—精磨—研磨
IT8～IT7	0.8～0.2	拉削

3. 内孔加工方法

内孔加工方法及所能达到的加工精度见表 7-14。

表 7-14 内孔加工方法及所能达到的加工精度

内孔加工技术要求	常见内孔加工方法	精度等级	适用范围
尺寸精度：本身的尺寸精度（直径、长度等） 形状精度：圆度、圆柱度等 位置精度：同轴度、垂直度等 表面质量：表面粗糙度等	钻孔	IT13～IT11，$Ra25～12.5\mu m$	三种加工方法适用于未淬火钢及铸铁的实心毛坯加工
	扩孔	IT11～IT10，$Ra12.5～6.3\mu m$	
	铰孔	IT10～IT7，$Ra3.2～0.8\mu m$	
	镗孔	IT10～IT7，$Ra3.2～0.8\mu m$	镗孔适用于未淬火钢及有孔毛坯的加工
	磨孔	IT8～IT6，$Ra0.1～1.6\mu m$	可分为粗磨、精磨、研磨、珩磨，适用于淬火钢加工，也可用于未淬火钢，但不宜用于有色金属加工
	研磨（珩磨）	IT6～IT5，$Ra0.1～0.025\mu m$	极高精度的内孔加工，研磨大、小孔均可，珩磨只适用于大直径孔的加工
	精细镗	IT7～IT6，$Ra0.4～0.05\mu m$	主要用于有色金属加工

内孔常见工艺路线见表 7-15。

表 7-15 内孔常见工艺路线

尺寸公差等级	表面粗糙度（Ra）/μm		常见工艺路线
IT13～IT11	25～12.5		钻
IT9	6.3～3.2	$\phi<30$	钻—扩
		$\phi>30$	钻—镗

续表

尺寸公差等级	表面粗糙度（Ra）/μm		常见工艺路线
IT8	3.2～1.6	$\phi<20$	钻—铰
		$\phi>20$	钻—扩—铰 钻—粗镗—精镗 钻—（扩）—拉
IT7	0.8～0.4	$\phi<12$	钻—粗铰—精铰
		$\phi>12$	钻—扩—粗铰—精铰 钻—镗—粗磨—精磨 钻—扩—拉

二、加工阶段划分

1. 加工阶段的划分及主要任务

零件的加工质量要求较高时，应该划分加工阶段。一般划分为粗加工、半精加工和精加工三个阶段。如果零件要求的精度特别高，表面粗糙度很小时，还应增加光整加工和超精密加工阶段。各加工阶段的主要任务如下。

(1) 粗加工阶段

主要任务是切除毛坯上各加工表面的大部分加工余量，使毛坯在形状和尺寸上接近零件成品。因此，应采取措施尽可能提高生产率。同时要为半精加工阶段提供精基准，并留有充分均匀的加工余量，为后续工序创造有利条件。

(2) 半精加工阶段

达到一定的精度要求，并保证留有一定的加工余量，为主要表面的精加工做准备。同时完成一些次要表面的加工（如紧固孔的钻削、攻螺纹、铣键槽等）。

(3) 精加工阶段

主要任务是保证零件各主要表面达到图纸规定的技术要求。

(4) 光整加工阶段

对精度要求很高（IT6以上）、表面粗糙度很小（小于Ra0.2μm）的零件，需安排光整加工阶段，其主要任务是减小表面粗糙度或进一步提高尺寸精度和形状精度。

2. 划分加工阶段的目的

① 保证加工质量的需要。零件在粗加工时，由于要切除大量金属，因而会产生较大的切削力和切削热，同时也需要较大的夹紧力，在这些力和热的作用下，零件会产生较大的变形。而且经过粗加工后零件的内应力要重新分布，也会使零件产生变形。如果不划分加工阶段而连续加工，就无法避免和修正上述原因所引起的加工误差。加工阶段划分后，粗加工造成的误差，通过半精加工和精加工可以得到修正，并逐步提高零件的加工精度和表面质量，保证了零件的加工要求。

② 合理使用机床设备的需要。粗加工一般要求功率大、刚性好、生产效率高而精度可以不高的机床设备。而精加工需要采用精度高的机床设备，划分了加工阶段后可以充分发挥粗、精加工设备各自性能的特点，避免以粗干精，做到合理使用设备。这样不但提高了粗加工的生产效率，而且也有利于保持精加工设备的精度和使用寿命。

③ 及时发现毛坯缺陷。毛坯上的各种缺陷（如气孔、砂眼、夹渣或加工余量不足等），在粗加工后即可被发现，便于及时修补或决定报废，以免继续加工后造成工时和加工费用的浪费。

④ 便于安排热处理。热处理工序使加工过程划分成几个阶段，如精密主轴在粗加工后进行去除应力的人工时效处理，半精加工后进行淬火，精加工后进行低温回火和冰冷处理，最后再进行光整加工。

3. 加工阶段划分注意事项

零件加工阶段划分不是绝对的。在零件工艺路线拟订时，一般应遵守划分加工阶段这一原则，但具体应用还要根据零件的情况灵活处理：

① 对于精度和表面质量要求较低而工件刚性足够，毛坯精度较高，加工余量较小的工件，可不划分加工阶段。

② 对于一些刚性好的重型零件，由于装夹吊运很费时，也常在一次装夹中完成粗、精加工。

③ 工件的定位基准，在半精加工阶段甚至在粗加工阶段就需要加工得很准确，而在精加工阶段中安排某些钻孔之类的粗加工工序也是常有的。

三、定位基准选择

1. 基准的概念及分类

概念：基准用来确定生产对象上几何要素间的几何关系所依据的那些点、线、面。

分类：根据基准的用途，基准可分为设计基准和工艺基准两大类。

【1】设计基准

设计人员在零件图上标注尺寸或相互位置关系时，所依据的那些点、线、面称为设计基准。如图 7-11 所示，C 面是端面 A、B 的设计基准；中心线 OO 是外圆柱面的设计基准；中心 O 是 E 面的设计基准。

【2】工艺基准

在加工或装配过程中所使用的基准，称为工艺基准（也称制造基准）。工艺基准分为工序基准、定位基准、测量基准和装配基准。

① 工序基准：在工序图上标注被加工表面尺寸和相互位置关系时，所依据的点、线、面。如图 7-12 所示，若加工端面 B 时，工序尺寸为 l_4，工序基准为端面 A，而其设计基准是端面 C。

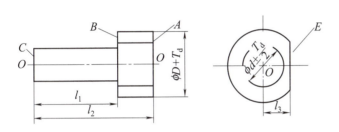

图 7-11　设计基准

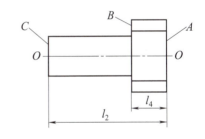

图 7-12　工序基准

② 定位基准：工件在机床上加工时，在工件上用于确定被加工表面相对机床夹具、刀具、位置的点、线、面。如图 7-13 所示，当加工 E 面的工件是以外圆 ϕd 在 V 形块上定位时，其定位基准则是外圆 ϕd 的轴心线。加工轴类零件时，常以顶尖孔为定位基准。加工齿轮外缘或切齿时，常以内孔和端面为定位基准。定位基准常用的是面，所以称为定位面。

③ 测量基准：在工件上用于测量已加工表面位置时所依据的点、线、面。如图 7-14 所示，当加工

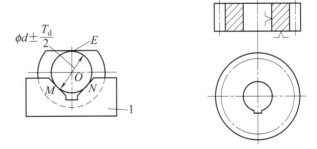

图 7-13　定位基准

端面 A、B，并保证尺寸 l_1、l_2 时，测量基准就是它的设计基准端面 C。当以设计基准为测量基准不方便或不可能时，也可采用其他表面作为测量基准，表面 E 的设计基准为中心 O，而测量基准为外圆的母线 F，则此时的测量尺寸为 l。

④ 装配基准：在装配时，用来确定零件或部件在机器中的位置时所依据的点、线、面。如齿轮装在轴上，内孔是它的装配基准。轴装在箱体上，轴颈是装配基准。主轴箱体装在床身上，箱体的底面是装配基准。

2. 基准的选择原则

机械加工过程中，定位基准的选择合理与否决定零件质量的好坏，对能否保证零件的尺寸精度和相互位置精度要求，以及对零件各表面间的加工顺序安排都有很大影响，当用夹具安装工件时，定位基准

的选择还会影响到夹具结构的复杂程度。因此，定位基准的选择是一个很重要的工艺问题。

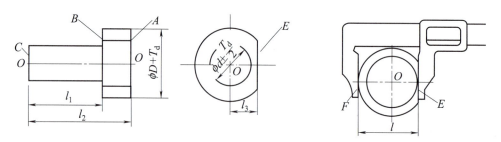

图 7-14　测量基准

【1】粗基准的选择原则

粗基准：以毛坯未经加工过的表面为基准，这种定位基准称为粗基准。

粗基准的选择原则如下：

① 选择要求加工余量小而均匀的重要表面为粗基准，以保证该表面有足够而均匀的加工余量。如图 7-15 所示，导轨面是车床床身的主要工作表面，要求在加工时切去薄而均匀的一层金属，使其保留铸造时在导轨面上所形成的均匀而细腻的金相组织，以便增加导轨的耐磨性。另外，小而均匀的加工余量将使切削力小而均匀，因此引起的工件变形小，而且不易产生振动，从而有利于提高导轨的几何精度和降低表面粗糙度。因此，对加工床身来说，保证导轨面的加工余量小而均匀是主要的，加工时应先选取导轨面为粗基准，加工床脚的底平面，如图 7-15（a）所示，再以床脚的底平面为基准加工导轨面，此时导轨面的加工余量小而且均匀，如图 7-15（b）所示。若先以床脚底平面为粗基准加工导轨面，如图 7-15（c）所示，则床脚底平面误差全部反映在导轨面上，使其加工余量不均匀，此时在余量较大处，会把要保留的力学性能较好的一层金属切掉，而且由于余量不均匀而影响加工精度。

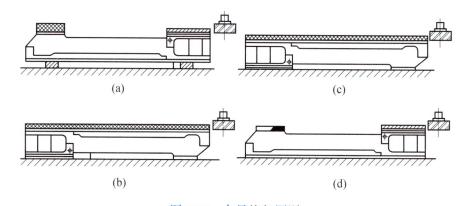

图 7-15　余量均匀原则

② 某些表面不需要加工，则应该选择其中与加工表面有相互位置精度要求的表面为粗基准。如图 7-16（a）所示，为保证皮带的轮缘厚度均匀，以不加工表面 1 为粗基准，车外圆表面。如图 7-16（b）所示，为保证壁厚均匀，应以不加工的外圆表面 A 为粗基准镗内孔。

③ 选择比较平整、光滑、有足够大面积的表面为粗基准，不允许有浇口、冒口的残迹和飞边，以确保安全、可靠、误差小。

④ 粗基准在一般情况下，只允许在第一道工序中使用一次，尽量避免重复使用。粗基准的精度和粗糙度都很差，重复使用则不能保证工件相对刀具的位置，进而影响加工精度。

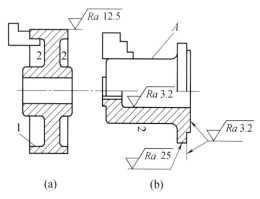

图 7-16　相互位置要求原则

【2】精基准的选择原则

精基准：以加工过的表面作为定位基准，这种定位基准称精基准。

精基准选择原则如下：

① 基准重合原则。就是尽量采用设计基准、装配基准和测量基准，作为定位基准，避免产生基准不重合误差。如图7-17（a）所示，在钻床上成批加工工件孔的工序简图，N 面为尺寸 B 的工序基准，若选 N 面为尺寸 B 的定位基准，并与夹具1面接触，钻头相对1面位置已调整好，且固定不动，如图7-17（b）所示，则加工这一批工件时，尺寸 B 不受尺寸 A 变化的影响，从而增加了加工尺寸 B 的精度。若选择 M 面为定位基准，并与夹具2面接触，钻头相对2面已调整好，且固定不动，如图7-17（c）所示，则加工的尺寸 B 要受尺寸 A 变化的影响，使尺寸 B 精度下降。

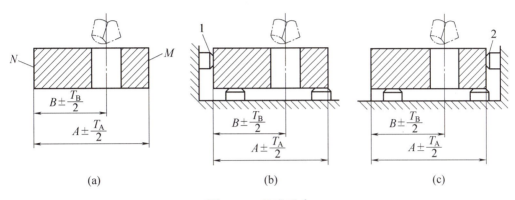

图 7-17　基准重合

② 基准统一原则。尽可能使各工序的定位基准相同，如轴类零件的整个加工过程中，大部分工序都以两个顶尖孔为定位基准；齿轮的加工工艺过程中大部分工序以内孔和端面为定位基准；箱体加工中若批量较大，大部分工序以平面和两个销孔为定位基准。

③ 互为基准原则。当两个表面相互位置精度要求较高时，则两个表面互为基准反复加工，可以不断提高定位基准的精度，保证两个表面之间的相互位置精度。

④ 自为基准原则。当精加工与光整加工工序要求余量小而均匀时，可选择加工表面本身为精基准，以保证加工质量和提高生产率。

⑤ 便于装夹原则。工件装夹稳定可靠，夹具简单，一般常采用面积大、精度较高的和粗糙度较低的表面为精基准。

【3】辅助基准的选择

辅助基准是为了便于装夹或易于实现基准统一而人为制成的一种定位基准，如轴类零件加工所用的两个中心孔，它不是零件的工作表面，只是出于工艺上的需要才做出的。为安装方便，毛坯上专门铸出工艺凸台，也是典型的辅助基准，加工完毕后应将其从零件上切除。

四、加工顺序安排

1. 加工顺序的安排原则

加工顺序安排得是否合理，直接影响到加工精度、加工效率、刀具数量和经济效益。在安排加工顺序时一般应遵循以下原则：

【1】基准先行

零件加工一开始总是先加工新基准，然后再用新基准定位加工其他表面。因此，任何零件的加工过程，总是先对定位基准进行粗加工和半精加工，必要时还要进行精加工。

【2】先主后次

零件的主要表面一般都是加工精度和表面质量要求比较高的表面，它们的加工质量好坏对整个零件的质量影响很大，其加工工序往往也比较多，因此应先安排主要表面的加工，再将其他表面加工适当安排在它们中间穿插进行，通常将装配基面、工作表面等视为主要表面，而将键槽、紧固用的光孔和螺孔等视为次要表面。

【3】先粗后精

一个零件通常由多个表面组成，各表面的加工一般都需要分阶段进行。在安排加工顺序时，应先集中安排各表面的粗加工，中间根据需要依次安排半精加工，最后安排精加工和光整加工。对于精度要求较高的工件，为了减小因粗加工引起的变形对精加工的影响，通常粗、精加工不应连续进行，而应分阶段间隔适当时间进行。

【4】先面后孔

对于箱体、支架和连杆等工件，应先加工平面后加工孔。因为平面的轮廓平整、面积大，先加工平面再以平面定位加工孔，既能保证加工时孔有稳定可靠的定位基准，又有利于保证孔与平面间的位置精度要求，此外，在毛坯面上钻孔或镗孔容易使钻头引偏或打刀，此时应先加工平面再加工孔，以避免上述情况发生。

2. 加工顺序安排的注意事项

安排加工顺序时，在遵循"基准先行""先粗后精""先主后次"及"先面后孔"的一般工艺原则外，还需注意以下问题：

① 上道工序的加工不能影响下道工序的定位与夹紧，中间穿插有通用机床加工工序的也应综合考虑。

② 先进行内腔加工，后进行外形加工。

③ 以相同定位、夹紧方式加工或用同一把刀具加工的工序，最好连续加工，以减少重复定位次数、换刀次数，节省辅助时间。

拓展训练

完成图7-18所示零件的加工。其材料为45钢，毛坯为六面已经加工好的160mm×90mm×16mm的长方料，单件生产。

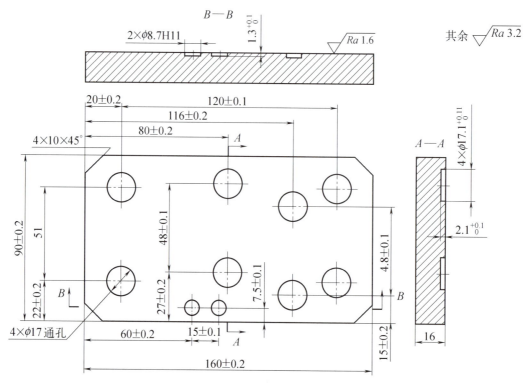

图7-18　零件图

任务八　盲孔和螺纹孔的加工

 任务目标

【知识目标】
1. 理解加工余量的基本概念。
2. 掌握影响加工余量的因素及加工余量的确定方法。
3. 理解定位误差的计算。
4. 掌握合理切削用量的选择原则。

【能力目标】
1. 能根据实际情况，选择合适的方法进行零件加工中加工余量的确定。
2. 能够根据数控加工工艺卡选择、安装和调整加工刀具。
3. 能够运用数控加工程序进行盲孔和螺纹孔加工，并达到加工要求。
4. 能针对工件材料、图形结构、加工状况等合理选择切削用量。
5. 能根据机床特性、零件材料、加工精度和动作效率等确定数控加工需要的切削用量。

【思政与素质目标】
弘扬爱国主义精神，培养学生树立正确的价值取向。

 任务实施

【任务内容】
现有一毛坯为 $\phi100mm \times 30mm$ 的 45 钢，试铣削如图 8-1 所示的工件。

【工艺分析】

8.1　零件图分析

① 工件上表面有位于 $\phi70mm$ 的圆周上等分的 8 个 M16 的螺纹孔，螺纹长度为 18mm，工件中心是一个 $\phi40mm$、深 20mm 的盲孔。
② 该工件位置精度的要求不高，加工中可以不必考虑齿轮间隙的影响。

8.2　确定装夹方式和加工方案

① 装夹方式：加工中采用三爪自定心卡盘装夹，底部用等高垫块垫起。

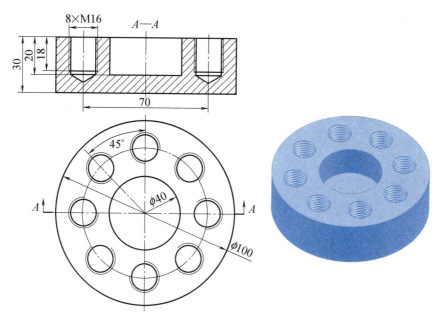

图 8-1 盲孔和螺纹孔工件的加工示例

② 加工方案：首先使用中心钻 T02 对八个孔进行定位。本着先内后外的原则，首先加工盲孔，由于盲孔直径较大且表面粗糙度 Ra 为 1.6μm，加工中安排中心钻 T02 定位后，首先使用麻花钻 T03 钻孔，再使用键槽铣刀 T04 铣削槽底，最后使用镗孔刀 T05 镗孔到要求的尺寸。然后再加工螺纹孔，加工中安排中心钻 T02 定位后，使用麻花钻 T06 钻螺纹底孔，为方便攻螺纹，使用锪孔钻 T07 加工螺纹孔口倒角，最后使用丝锥 T08 攻螺纹。

8.3 加工刀具选择

① 选择使用 A4mm 的中心钻 T02 定位。
② 选择 ϕ39mm 的麻花钻 T03 钻削 ϕ40mm 的盲孔。
③ 选择 ϕ18mm 的键槽铣刀 T04 铣削盲孔槽底。
④ 选择 ϕ40mm 的镗孔刀 T05 粗镗和精镗盲孔。
⑤ 选择 ϕ14mm 的麻花钻 T06 钻螺纹底孔。
⑥ 选择锪孔钻 T07 加工螺纹孔的孔口倒角。
⑦ 选择 M16 丝锥 T08 攻螺纹。

8.4 走刀路线确定

① 建立工件坐标系的原点：设在工件上表面的对称几何中心上。
② 确定起刀点：设在工件上表面对称几何中心的上方 100mm 处。
③ 确定下刀点：设在工件上表面对称几何中心 O 点上方 100mm（X0，Y0，Z100）处。
④ 确定走刀路线：加工螺纹孔的走刀路线 O-a-b-c-d-e-f-g-h-a，如图 8-2 所示。

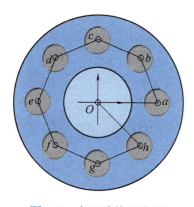

图 8-2 走刀路线示意图

【编写技术文件】

8.5 工序卡（见表8-1）

表8-1 本任务工件的工序卡

材料	45钢	产品名称或代号		零件名称		零件图号	
		N0090		盲孔和螺纹孔		XKA009	
工序号	程序编号	夹具名称		使用设备		车间	
0001	O0090	机用平口钳		VMC850-E		数控车间	
工步号	工步内容	刀具号	刀具规格 ϕ/mm	主轴转速 n/(r/min)	进给量 f/(mm/min)	背吃刀量 a_p/mm	备注
1	定位	T02	A4中心钻	1200	60		
2	钻ϕ39mm的孔	T03	ϕ38mm麻花钻	240	40		
3	铣ϕ40mm的孔底	T04	ϕ18mm键槽铣刀	400	40	2	
4	粗镗ϕ40mm孔	T05	ϕ40的镗孔刀	900	90		自动O0090
5	精镗ϕ40mm孔	T05	ϕ40的镗孔刀	900	90		
6	钻孔	T06	ϕ14的麻花钻	450	70		
7	锪孔	T07	90°锪孔刀	200	50		
8	攻螺纹	T08	M16丝锥	120	240		
编制		批准		日期		共1页	第1页

8.6 刀具卡（见表8-2）

表8-2 本任务工件的刀具卡

产品名称或代号		N0090	零件名称	盲孔和螺纹孔		零件图号		XKA009
刀具号	刀具名称	刀具规格 ϕ/mm	加工表面	刀具半径补偿号D	补偿值/mm	刀具长度补偿H	补偿值/mm	备注
T02	中心钻	A4	定位	D02		H02		
T03	麻花钻	39	钻ϕ40mm的孔			H03		刀长补偿值由操作者确定
T04	键槽铣刀	18	铣ϕ40mm的孔	D04	9	H04		
T05	镗孔刀	40	镗ϕ40mm的孔			H05		
T06	麻花钻	14	钻孔	D06		H06		
T07	锪孔刀	90°	锪孔	D07		H07		

T08	丝锥	M16	攻螺纹	D08	H08		
编制		批准		日期		共 1 页	第 1 页

8.7 编写参考程序

(1) 计算节点坐标 (见表 8-3)

表 8-3 节点坐标 (极坐标)

节点	X 坐标值	Y 坐标值	节点	X 坐标值	Y 坐标值
O	0	0	e	35	180
a	35	0	f	35	225
b	35	45	g	35	270
c	35	90	h	35	315
d	35	135			

(2) 编制加工程序 (见表 8-4 和表 8-5)

表 8-4 本任务工件的参考程序

程序号: O0090	
程序段号	程序内容	说明
---	---	---
N10	G15 G17 G21 G40 G49 G54 G69 G80 G90 G94 G98;	调用工件坐标系，设定工作环境
N20	T02 M06;	换中心钻 (数控铣床中手动换刀)
N30	S1200 M03;	开启主轴
N40	G43 G00 Z100 H02;	快速定位到初始平面
N50	X0 Y0;	快速定位到下刀点 (X0 Y0 Z100)
N60	G16;	设定极坐标系
N70	G99 G81 X35 Y0 Z-6 R5 F60;	钻削 a 点
N80	G91 Y45 Z-11 K7;	钻削 b、c、d、e、f、g 和 h 点
N90	G15 G80;	取消极坐标系
N100	G90 G00 Z100;	返回到初始平面
N110	X0 Y0;	返回到 O 点
N120	M05;	主轴停止
N130	M00;	程序暂停
N140	T03 M06;	换 φ38mm 的麻花钻 (数控铣床中手动换刀)
N150	S240 M03;	开启主轴
N160	G00 X0 Y0;	快速定位到下刀点 O
N170	G43 G00 Z100 H03;	快速定位到初始平面
N180	G98 G83 X0 Y0 Z-20 R5 Q3 F40;	钻削 O 后返回初始平面
N190	M05;	主轴停止
N200	M00;	程序暂停
N210	T04 M06;	换 φ18mm 的键槽铣刀 (数控铣床中手动换刀)
N220	S400 M03;	开启主轴
N230	G00 X0 Y0;	快速定位到下刀点 O
N240	G43 G00 Z100 H04;	快速定位到初始平面
N250	Z-8;	快速定位

续表

程序段号	程序内容	说明
N260	M98 P60045；	钻削孔侧和孔底
N270	G00 Z100；	退刀
N280	M05；	主轴停止
N290	M00；	程序暂停
N300	T05 M06；	换 ϕ40mm 的镗孔刀（数控铣床中手动换刀）
程序段号	程序内容	说明
N310	S900 M03；	开启主轴
N320	G00 X0 Y0；	快速定位到下刀点 O
N330	G43 G00 Z100 H05；	快速定位到初始平面
N340	G98 G89 X0 Y0 Z-20 R5 P500 F90；	粗镗孔
N350	G76 Q0.2；	精镗孔
N360	M05；	主轴停止
N370	M00；	程序暂停
N380	T06 M06；	换麻花钻（数控铣床中手动换刀）
N390	S450 M03；	开启主轴
N400	G43 G00 Z100 H06；	快速定位到初始平面
N410	G00 X0 Y0；	快速定位到下刀点（X0 Y0 Z100）
N420	G16；	设定极坐标系
N430	G99 G73 X35 Y0 Z-14.21 R5 Q3 F70；	钻削 a 点
N440	G91 Y45 Z-19.21 K7；	钻削 b、c、d、e、f、g 和 h 点
N450	G15 G80；	取消极坐标系
N460	G90 G00 Z100；	返回到初始平面
N470	X0 Y0；	返回到 O 点
N480	M05；	主轴停止
N490	M00；	程序暂停
N500	T07 M06；	换锪孔钻（数控铣床中手动换刀）
N510	S200 M03；	开启主轴
N520	G43 G00 Z100 H07；	快速定位到初始平面
N530	X0 Y0；	快速定位到下刀点（X0 Y0 Z100）
N540	G16；	设定极坐标系
N550	G99 G82 X35 Y0 Z-9 R5 P500 F50；	钻削 a 点
N560	G91 Y45 Z-14 K7；	钻削 b、c、d、e、f、g 和 h 点
N570	G15 G80；	取消极坐标系
N580	G90 G00 Z100；	返回到初始平面
N590	X0 Y0；	返回到 O 点
N600	M05；	主轴停止
N610	M00；	程序暂停
N620	T08 M06；	换丝锥（数控铣床中手动换刀）
N630	G43 G00 Z100 H08；	快速定位到初始平面
N640	X0 Y0；	快速定位到下刀点（X0 Y0 Z100）
N650	G16；	设定极坐标系
N660	M29 S120；	设定系统为刚性攻螺纹
N670	G99 G84 X35 Y0 Z-8 R5 P300 F240；	攻螺纹 a 点
N680	G91 Y45 Z-13 K7；	攻螺纹 b、c、d、e、f、g 和 h 点

N690	G15 G80;	取消极坐标系
N700	G90 G00 Z100;	返回到初始平面
N710	X0 Y0;	返回到 O 点
N720	M05;	主轴停止
N730	M30;	程序结束，返回开始

表 8-5 本任务工件的子程序

程序号：O0045

程序段号	程序内容	说明
N10	G91 G01 Z-2 F40;	进刀
N20	G90 G41 G01 X-10 Y-9.5 D04;	引入半径补偿
N30	G03 X0 Y-19.5 R10;	圆弧切入
N40	J19.5;	铣削一个整圆
N50	X10 Y-9.5 R10;	圆弧切出
N60	G40 G01 X0 Y0;	取消半径补偿
N70	M99;	子程序结束，返回到主程序

【零件加工】

加工操作同前面任务，不再赘述。

知识拓展

——工序尺寸及公差确定

一、加工余量的确定

加工余量的大小直接影响零件的加工质量和生产效率。加工余量过大，不仅增加机械加工的劳动量，降低生产效率，而且增加材料、工具和电力等的消耗，增加成本。但是加工余量过小，又不能保证消除前工序的各种误差和表面缺陷，甚至产生废品。因此，必须合理地确定加工余量。

1. 加工余量的基本概念

加工余量是指机械加工过程中，将工件上待加工表面的多余金属通过机械加工的方法去除掉，获得设计要求的加工表面，零件表面预留的金属层的厚度。加工余量分为工序余量和总加工余量。

【1】工序余量

工序余量指某一表面在一道工序中切除的金属层厚度，等于前后两道工序尺寸之差。

① 工序余量的计算。

a. 单边余量。单边工序余量等于前后两道工序尺寸之差，如图 8-3 所示。

$$Z=|a-b|$$

式中　Z——工序余量；

　　　a——前工序尺寸；

　　　b——本工序尺寸。

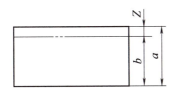
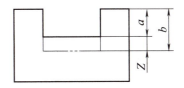

(a) 外表面单边加工余量　　(b) 内表面单边加工余量

图 8-3　单边余量

b. 双边余量。双边工序余量等于前后两道工序直径尺寸之差,如图 8-4 所示。

$$Z=|d_a-d_b|$$

式中　Z——工序余量;
　　　d_a——前工序尺寸;
　　　d_b——本工序尺寸。

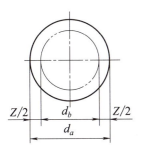

(a) 外表面双边加工余量　　(b) 内表面双边加工余量

图 8-4　双边余量

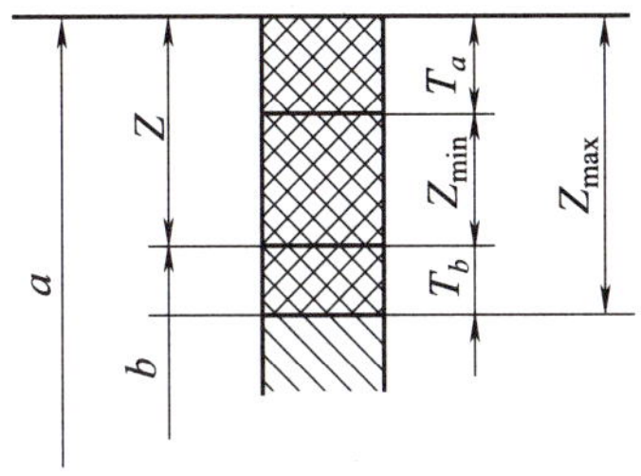

图 8-5　工序余量与工序尺寸及其公差的关系（被包容面：轴类）

由于毛坯制造和各个工序尺寸都存在着误差,因此,加工余量是个变动值。

② 工序基本余量、最大余量、最小余量及余量公差。

以被包容面为例,如图 8-5 所示。

a. 工序基本余量：以工序基本尺寸计算的余量,即 Z;

b. 最大余量：$Z_{max}=a_{max}-b_{min}$

c. 最小余量：$Z_{min}=a_{min}-b_{max}$

d. 余量公差：$T_z=T_a+T_b$

式中　a_{min}——前工序最小尺寸;
　　　b_{min}——本工序最小尺寸;
　　　a_{max}——前工序最大尺寸;
　　　b_{max}——本工序最大尺寸;
　　　T_a——前工序尺寸公差;
　　　T_b——本工序尺寸公差。

【2】总加工余量（毛坯加工余量）

总加工余量指零件从毛坯变为成品时从某一表面所切除的金属层总厚度,等于毛坯尺寸与零件设计尺寸之差,也等于该表面各工序余量之和,即：$Z_总=\sum Z_i$。

以包容面为例,如图 8-6 所示。

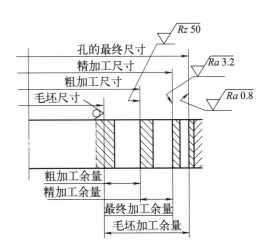

图 8-6　加工余量和加工尺寸分布图（包容面：孔类）

粗加工余量＝粗加工尺寸－毛坯尺寸；

精加工余量＝精加工尺寸－粗加工尺寸；

最终加工余量＝孔的最终尺寸－精加工尺寸；

总加工余量＝孔的最终尺寸－毛坯尺寸；

总加工余量＝粗加工余量＋精加工余量＋最终加工余量。

2. 影响加工余量的因素

影响加工余量的因素为：

① 上工序的表面质量（包括表面粗糙度和表面破坏层深度）。

② 前工序的工序尺寸公差。

③ 前工序的位置误差，如工件表面在空间的弯曲、偏斜以及其他空间位置误差等。

④ 本工序工件的安装误差。

3. 加工余量的确定

加工余量的大小，直接影响零件的加工质量和生产率，目前加工余量的确定方法如下：

① 经验估计法。根据工艺人员的经验来确定加工余量。

② 查表修正法。根据有关手册，查得加工余量的数值，然后根据实际情况进行适当修正。

③ 分析计算法。对影响加工余量的各种因素进行分析，然后根据一定的计算关系式来计算加工余量。

在确定加工余量时，要分别确定加工总余量（毛坯余量）和工序余量。用查表法确定工序余量时，粗加工工序余量不能用查表法得到，而是由总余量减去其他各工序余量之和而得到。

二、基准重合时工序尺寸及公差计算

生产上绝大部分加工面，像零件上外圆和内孔的加工都是在基准重合（工艺基准和设计基准重合）的情况下进行加工的，当表面需经多次加工时，各工序的加工尺寸及公差取决于各工序的加工余量及所采用加工方法的加工经济精度，计算的顺序是由最后一道工序向前推算。计算步骤为：

① 确定各加工工序的加工余量。（计算法、查表法、经验法。）

② 确定各工序基本尺寸，从成品到毛坯逆向计算各工序基本尺寸。

③ 确定各工序尺寸公差，按照选用的加工方法的加工经济精度确定工序尺寸公差。（终加工工序公差按照设计要求确定。）

④ 填写工序基本尺寸并按照"入体原则"标注工序尺寸公差。

例：某轴的直径为$\phi 50$mm，其尺寸精度为IT5，表面粗糙度要求为$Ra0.04\mu m$。要求高频淬火，毛坯为锻件，工艺路线为：粗车—半精车—高频淬火—粗磨—精磨—研磨。计算各工序的工序尺寸和公差。

【1】查表确定加工余量

研磨余量 0.01mm；

精磨余量 0.1mm；

粗磨余量 0.3mm；

半精车余量 1.1mm；

粗车余量 4.5mm；

加工的总余量 6.01mm；修正为 6mm；

粗车余量修正为 4.49mm。

【2】计算各加工工序基本尺寸

研磨：50mm；

精磨：50+0.01=50.01（mm）；

粗磨：50.01+0.1=50.11（mm）；

半精车：50.11+0.3=50.41（mm）；
粗车：50.41+1.1=51.51（mm）；
毛坯：51.51+4.49=56（mm）。

（3）确定各工序的加工经济精度和表面粗糙度

研磨：IT5，Ra0.04μm；

精磨：IT6，Ra0.16μm；

粗磨：IT8，Ra1.25μm；

半精车：IT11，Ra2.5μm；

粗车：IT13，Ra16μm。

（4）按入体原则标注工序尺寸和公差（查表毛坯公差为 ±2mm）

毛坯：51.51+4.49=56（mm）。

各工序的工序尺寸和公差汇总如表 8-6 所示。

表 8-6 各工序的工序尺寸和公差

工序名称	工序间余量 /mm	工序间 加工经济精度 /mm	工序间 表面粗糙度 /μm	工序间尺寸 /mm	工序间 尺寸、公差 /mm	工序间 表面粗糙度 /μm
研磨	0.01	h5 $\left(^{\ 0}_{-0.011}\right)$	Ra0.04	50	$\phi 50^{\ 0}_{-0.011}$	Ra0.04
精磨	0.1	h6 $\left(^{\ 0}_{-0.016}\right)$	Ra0.16	50+0.01=50.01	$\phi 50.01^{\ 0}_{-0.016}$	Ra0.16
粗磨	0.3	h8 $\left(^{\ 0}_{-0.039}\right)$	Ra1.25	50.01+0.1=50.11	$\phi 50.11^{\ 0}_{-0.039}$	Ra1.25
半精车	1.1	h11 $\left(^{\ 0}_{-0.16}\right)$	Ra2.5	50.11+0.3=50.41	$\phi 50.41^{\ 0}_{-0.16}$	Ra2.5
粗车	4.49	h13 $\left(^{\ 0}_{-0.39}\right)$	Ra16	50.41+1.1=51.51	$\phi 51.51^{\ 0}_{-0.39}$	Ra16
锻造	±2			51.51+4.49=56	$\phi 56 \pm 2$	

三、工艺尺寸链的确定

1. 工艺尺寸链的定义和特征

如图 8-7 所示，零件 A 面与 B 面均已加工完成，A_1 为已加工完成尺寸，现按调整法加工台阶 C 面保证设计尺寸 A_0。为使工件定位可靠，简化夹具结构，选用 A 面为定位基准，将刀具调整到与定位基准 A 面距离为 A_2 尺寸的位置加工 C 面，间接保证设计尺寸 A_0，尺寸 A_2 为对刀调整尺寸，则设计尺寸 A_0 为间接保证尺寸，尺寸 A_1、A_2、A_0 之间相互联系，且是一个封闭图形。在零件加工过程中，由一系列相互联系的尺寸所形成的封闭图形称为工艺尺寸链。

图 8-7 零件加工与测量中的尺寸联系

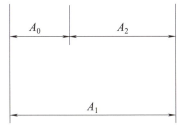

图 8-8 工艺尺寸链

从工艺尺寸链简图可以看出，尺寸链有以下两个主要特征：

① 封闭性。封闭性是尺寸链的很重要的特征，即由一个封闭环和若干个组成环构成的工艺尺寸链中各环的排列呈封闭形式。不封闭就不成为尺寸链。

② 关联性。关联性是指尺寸链的各环之间是相互关联的，即封闭环受各组成环的变动的影响。

2. 工艺尺寸链的组成

组成工艺尺寸链的每一个尺寸称为环。环可分为封闭环和组成环，如图 8-8 所示。

（1）封闭环

在加工过程中，间接获得、最后保证的尺寸称为封闭环。每一个尺寸链中，只能有一个封闭环。A_0 是封闭环。

（2）组成环

除封闭环以外的其余环称为组成环。按其对封闭环的影响不同又可分为增环和减环。

① 增环。其他组成环不变，某一组成环的增大会导致封闭环增大时，该组成环为增环，如图8-8中A_1即为增环。

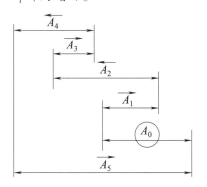

图8-9 箭头法确定增减环

② 减环。其他组成环不变，某一组成环的增大会导致封闭环减小时，该组成环为减环，如图8-8中A_2即为减环。

3．工艺尺寸链的建立方法

利用工艺尺寸链进行工序尺寸及其公差的计算，关键在于正确找出尺寸链，正确区分增、减环和封闭环。

【1】确定封闭环

对于工艺尺寸链，要认准封闭环是"间接、最后"获得的尺寸，是"自然而然"形成的尺寸。在大多数情况下，封闭环可能是零件设计尺寸中的一个尺寸或者是加工余量值。在零件图中，封闭环一般是未注的尺寸（即开环）。

【2】查找组成环

从封闭环某一端开始，按照工艺过程的顺序，向前查找该表面最近依次加工所得的尺寸，直至到达封闭环另一端，所经过的尺寸均为该尺寸链的组成环。

特别注意：组成环的查找应遵循"路线最短，环数最少"原则。

【3】确定增、减环

① 按定义确定：适用于环数少的尺寸链。

② 箭头法：对于环数多的尺寸链，如图8-9所示，工艺尺寸链中封闭环为A_0，其他均为组成环，采用箭头法判别增减环，从A_0开始，沿着各环顺时针或逆时针方向依次画箭头，与封闭环箭头方向相同的组成环为减环，图中A_2、A_4为减环；与封闭环箭头方向相反的组成环为增环，图中A_1、A_3、A_5为增环。

4．工艺尺寸链计算的基本公式

表8-7为用极值法进行尺寸链计算所用的符号表。

表8-7 尺寸链计算所用符号表

环名	符 号 名 称							
	基本尺寸	最大尺寸	最小尺寸	上偏差	下偏差	公差	平均尺寸	平均偏差
封闭环	A_Δ	$A_{\Delta max}$	$A_{\Delta min}$	$B_s A_\Delta$	$B_x A_\Delta$	T_Δ	$A_{\Delta M}$	$B_M A_\Delta$
增环	$\vec{A}$	$\vec{A}_{max}$	$\vec{A}_{min}$	$B_s \vec{A}$	$B_x \vec{A}$	$\vec{T}_i$	$\vec{A}_M$	$B_M \vec{A}$
减环	$\overleftarrow{A}$	$\overleftarrow{A}_{max}$	$\overleftarrow{A}_{min}$	$B_s \overleftarrow{A}$	$B_x \overleftarrow{A}$	$\overleftarrow{T}_i$	$\overleftarrow{A}_M$	$B_M \overleftarrow{A}$

① 封闭环基本尺寸：各增环基本尺寸之和减去各减环基本尺寸之和。

$$A_\Delta = \sum_{i=1}^{m} \vec{A}_i - \sum_{i=m+1}^{n-1} \overleftarrow{A}_i \quad (8\text{-}1)$$

式中 n——包括封闭环在内的尺寸链总环数；

m——增环的数目；

$n-1$——组成环（包括增环与减环）的数目。

② 封闭环上偏差：各增环上偏差之和减去各减环下偏差之和。

$$B_s A_\Delta = \sum_{i=1}^{m} B_s \vec{A}_i - \sum_{i=m+1}^{n-1} B_x \overleftarrow{A}_i \quad (8\text{-}2)$$

③ 封闭环下偏差：各增环下偏差之和减去各减环上偏差之和。

$$B_x A_\Delta = \sum_{i=1}^{m} B_x \vec{A}_i - \sum_{i=m+1}^{n-1} B_s \overleftarrow{A}_i \quad (8\text{-}3)$$

④ 封闭环的公差：各组成环公差之和。

$$T_\Delta = \sum_{i=1}^{n-1} T_i \qquad (8\text{-}4)$$

⑤ 封闭环的极限尺寸：封闭环最大极限尺寸等于各增环最大极限尺寸之和减去各减环最小极限尺寸之和；封闭环最小极限尺寸等于各增环最小极限尺寸之和减去各减环最大极限尺寸之和。

$$A_{\Delta \max} = \sum_{i=1}^{m} \vec{A}_{i\max} - \sum_{i=m+1}^{n-1} \overleftarrow{A}_{i\min} \qquad (8\text{-}5)$$

$$A_{\Delta \min} = \sum_{i=1}^{m} \vec{A}_{i\min} - \sum_{i=m+1}^{n-1} \overleftarrow{A}_{i\max} \qquad (8\text{-}6)$$

四、基准不重合时工序尺寸及公差计算

1. 测量基准与设计基准不重合时的工序尺寸及其公差计算

在零件加工时，会遇到一些表面加工之后设计尺寸不便直接测量的情况。

例1：如图8-10所示套筒零件，两端面已加工完毕，加工孔底面C时，要保证尺寸$16_{-0.35}^{0}$ mm，因该尺寸不便测量，试标出测量尺寸。

【1】分析零件加工工艺，建立工艺尺寸链

① 列出尺寸链图。根据题意画出尺寸链图，如图8-11所示。$16_{-0.35}^{0}$是在加工中间接保证的尺寸，为封闭环，即$A_0 = 16_{-0.35}^{0}$。

② 判断各组成环的增、减性。各组成环中A_1为减环，A_2为增环。

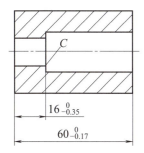
图8-10　套筒

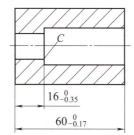 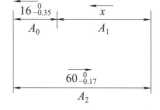
图8-11　套筒尺寸链图

【2】工艺尺寸链的计算

① 求A_1基本尺寸。

由$A_0 = A_2 - A_1$，则$A_1 = A_2 - A_0 = 60 - 16 = 44$（mm）。

② 求A_1的下偏差。

由$ES(A_0) = ES(A_2) - EI(A_1)$，则$EI(A_1) = ES(A_2) - ES(A_0) = 0 - 0 = 0$。

③ 求A_1的上偏差。

由$EI(A_0) = EI(A_2) - ES(A_1)$，则$ES(A_1) = EI(A_2) - EI(A_0) = -0.17 - (-0.35) = 0.18$（mm）。

④ 求A_1的公差。

由$T(A_0) = T(A_2) + T(A_1)$，则$T(A_1) = T(A_0) - T(A_2) = 0.35 - 0.17 = 0.18$（mm）。

⑤ 结论：A_1的尺寸为$44_{0}^{+0.18}$ mm。

2. 定位基准与设计基准不重合时工序尺寸及其公差的计算

零件调整法加工时，如果加工表面的定位基准与设计基准不重合，就要进行尺寸换算，重新标注工序尺寸。

例2：如图8-12所示零件，除B面及右端$\phi 40H7$孔加工时未加工外，其余各表面均已加工完。现

以 A 面为定位基准，欲采用调整法加工 B 面及 $25_{-0.15}^{0}$ mm，试确定尺寸 L_3。

【1】分析零件加工工艺，建立工艺尺寸链

根据题意画出尺寸链图，如图 8-13 所示。

封闭环：$25_{-0.15}^{0}$ 是在加工中间接保证的尺寸，为封闭环，即 $A_0=25_{-0.15}^{0}$。

增环：$A_2=70_{-0.06}^{0}$。

减环：$A_1=20_{0}^{+0.05}$，$A_3=L_3$。

【2】工艺尺寸链计算

① 求 L_3 基本尺寸。

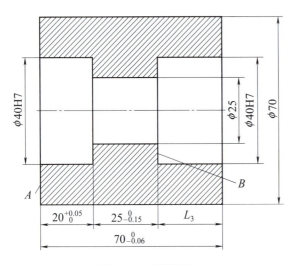

图 8-12 零件图

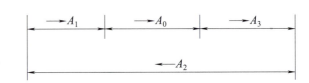

图 8-13 零件尺寸链图

由 $A_0=A_2-A_3-A_1$，则 $A_3=A_2-A_1-A_0=70-20-25=25$（mm）。

② 求 L_3 下偏差。

由 $ES(A_0)=ES(A_2)-EI(A_1)-EI(A_3)$，则 $EI(A_3)=ES(A_2)-EI(A_1)-ES(A_0)=0-0-0=0$。

③ 求 L_3 上偏差。

由 $EI(A_0)=EI(A_2)-ES(A_1)-ES(A_3)$，则 $ES(A_3)=EI(A_2)-ES(A_1)-EI(A_0)=-0.06-0.05-(-0.15)=0.04$（mm）。

④ L_3 的公差。

由 $T(A_0)=T(A_2)+T(A_1)+T(A_3)$，则 $T(A_3)=T(A_0)-T(A_2)-T(A_1)=0.15-0.06-0.05=0.04$（mm）。

⑤ 结论：L_3 的尺寸为 $25_{0}^{+0.04}$ mm。

——切削用量选择

一、合理切削用量选择原则

随着科学技术的快速发展，产品质量的不断提高，对机械产品的结构、零件的形状、加工精度的要求也日益提高。在生产加工实践中，加工精度除了受机床自身的几何精度、刚性、夹紧力的大小、方向以及安装精度等因素影响外，也受刀具的选择、安装误差，刀片的磨损、几何参数（如刀尖圆弧半径、后角等）的影响。因此，为了适应市场发展需求，提高加工精度，合理选择刀具及切削用量将更有助于保证加工的质量。选择合理切削用量时，必须考虑加工性质。合理的切削用量是指，在保证加工质量的前提下，充分发挥刀具切削性能和机床性能，获得高生产率和低加工成本的切削用量。常用的原则是在最低成本的条件下能获得较高的生产率。

1. 切削用量三要素概念及计算

切削用量是指切削速度 v_c、进给量 f（或进给速度 v_f）、背吃刀量 a_p 三者的总称，如图 8-14 所示。切削用量的选择就是确定切削用量三要素以及刀具寿命 T。合理选择切削用量，对充分发挥机床和刀具的性能，提高生产效率，降低生产成本有很大益处。

（1）切削速度 v_c

金属切削过程中，刀具相对于工件的瞬间移动速度，通常以 v_c 表示，单位为 m/min（米/分钟）。

计算公式：$v_c = \dfrac{\pi d n}{1000}$

式中　π——圆周率；
　　　d——工件或刀具上某一点的回转直径，mm；
　　　n——工件或刀具的转速，r/s 或 r/min。

例：如图 8-15 所示，D40mm 铣刀的转速 $n=1500$r/min，那么它的切削速度是多少？

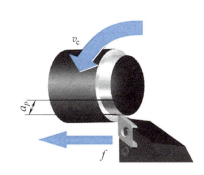

图 8-14　切削用量三要素

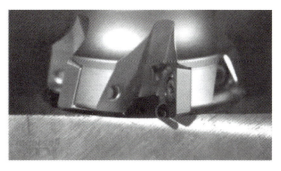

图 8-15　D40mm 铣刀铣削

每转的周长 =（$\pi \times d$）/1000
　　　　　 =（3.14×40）/1000
　　　　　 =0.1256（m/圈）

1min 刀片跑过的直线距离 =0.1256×1500=188（m）

因此，铣刀 v_c=（$\pi \times d \times n$）/1000=（3.14×40×1500）/1000=188（m/min）

（2）进给量 f

进给量 f 是工件或刀具每转一周时两者沿进给运动方向的相对位移，单位是 mm/r（毫米/转）。进给速度 v_f 是单位时间的进给量，单位是 mm/min（毫米/分钟）。对于铣刀、铰刀、拉刀、齿轮滚刀等多刃切削刀具，在它们进行加工时，还规定每一个刀齿的进给量 f_z，即后一个刀齿相对于前一个刀齿的进给量，单位是 mm/z（毫米/齿）。它们之间的换算公式为：

$v_f = f \times n$（f 为进给量；n 为工件或刀具的转速）
$v_f = f_z \times n$（f_z 为每齿进给量；z 为刀具切削刃数）

$$v_f = f \times n = f_z \times z \times n$$

图 8-16　D20mm 铣刀铣削

例：如图 8-16 所示 D20mm 铣刀的转速 $n=1500$r/min，如果铣刀刃数 $z=4$，每齿进给量 $f_z=0.1$mm/z，那么它的进给速度是多少？

每转刀具中心点移动的距离（每转进给量 f）=$f_z \times z$=0.1×4=0.4（mm）。

1min 内刀具中心移动的直线距离 =0.4×1500=600（mm）

因此，铣刀 $v_f = f \times n = f_z \times z \times n$=0.1×4×1500=600（mm/min）

（3）背吃刀量 a_p

背吃刀量 a_p 为工件上已加工表面和待加工表面间的垂直距离，单位为 mm。

背吃刀量的计算方法如下。

外圆表面车削的背吃刀量：$a_p=(d_w-d_m)/2$（mm）

钻孔加工的背吃刀量为：$a_p=d_m/2$（mm）

式中　d_w——待加工表面直径，mm；

　　　d_m——已加工表面直径，mm。

如图8-17所示，在铣削加工中有切削深度a_p和切削宽度a_e之分，切削深度a_p是指沿着刀具轴向的加工深度。切削宽度a_e是指沿着刀具直径方向的加工深度。d_1是指铣刀刃径，b是指铣刀厚度。

2. 刀具寿命影响因素

切削用量选择中还需考虑刀具寿命T。切削用量三要素v_c、f、a_p对刀具寿命T的影响关系如图8-18所示，v_c影响最大，f次之，a_p最小。

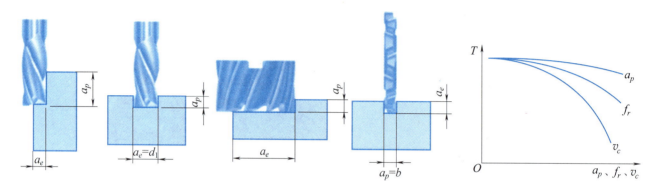

图8-17　切削深度a_p和切削宽度a_e　　　　图8-18　切削用量对刀具寿命的影响

根据实际生产中的经验：

v_c增加20%，刀片磨损增加50%；

f增加20%，刀片磨损增加20%；

a_p增加50%，刀片磨损增加20%。

这与三者对切削温度的影响顺序完全一致，也反映出切削温度对刀具寿命有较大的影响。

3. 切削用量选择总体原则

在刀具寿命一定的前提下，从提高生产率角度考虑，对于切削用量的选择有一个总的原则。首先选择尽量大的背吃刀量；其次选择尽量大的进给量；最后是选择合适的切削速度。

二、切削用量选择方法

1. 粗、精加工切削用量选择原则

（1）粗加工切削用量选择原则

粗加工时，应尽量保证较高的金属切除率和必要的刀具寿命。选择切削用量时应首先选取尽可能大的背吃刀量a_p，其次根据机床动力和刚性的限制条件，选取尽可能大的进给量f，最后根据刀具寿命要求确定合适的切速度v_c。增大背吃刀量a_p，可使走刀次数减少，增大进给量f，有利于断屑。

（2）精加工切削用量选择原则

精加工时对加工精度和表面粗糙度要求较高，加工余量不大，且较均匀。选择精加工的切削用量时，应着重考虑如何保证加工质量，并在此基础上，尽量提高生产率。因此，精加工时应选用较小但不能太小的背吃刀量a_p和进给量f，并选用性能高的刀具材料和合理的几何参数，以尽可能提高切削速度。

2. 切削用量选择途径

影响切削用量的因素很多，如工件材料、刀具材料、加工工序等，且这些因素难以量化，因此无法精确计算切削用量。一般获得切削用量的途径有三条：

① 查手册，如《机械加工工艺手册》等，一般可以查到切削速度、进给量和刀具寿命。

② 查刀具厂商资料，刀具厂商在介绍产品的同时，也推荐相对应的切削速度和进给量。数据相对及时、准确、可靠，推荐使用此方法。

③ 做切削试验，使实验的条件尽可能符合实际的使用情况，所获得的结果最可靠，但比较烦琐。

3. 切削三要素的确定

（1）背吃刀量 a_p 的选择

粗加工时背吃刀量 a_p，根据加工性质和工序余量来确定。除留给后续工序的余量外，在允许的条件下，尽可能一次切除该工序的全部余量，以减少走刀次数。如果分两次走刀，则第一次背吃刀量尽量取大，一般取加工余量的 2/3 到 3/4。应尽量使背吃刀量超过硬皮或冷硬层厚度，以防止刀尖过早磨损。

例如，中等功率机床上，采用硬质合金钢刀具切削加工：

粗加工时，背吃刀量 a_p 一般取 2～6mm，表面粗糙度 Ra 能达到 Ra50～12.5μm。

半精加工时，背吃刀量 a_p 取 0.3～2mm，表面粗糙度 Ra 能达到 Ra6.3～3.2μm。

精加工时，背吃刀量 a_p 取 0.1～0.3mm，表面粗糙度 Ra 能达到 Ra1.6～0.8μm。

（2）进给量 f 的选择

粗加工时，进给量 f 的选择受切削力的限制，在工艺系统强度和刚度允许的条件下选择较大的进给量，一般取进给量 $f=0.3～0.9$mm/r。生产实际中多采用查表法确定合理的进给量 f。

半精加工和精加工的背吃刀量 a_p 值较小，产生的切削力不大，故进给量主要受表面粗糙度的限制，一般选择较小的进给量，常选用进给量 $f=0.08～0.3$mm/r，但也不能太小。否则切削层公称厚度太薄，不易切削，对已加工表面质量反而不利。当取合理的刀尖参数或修光刃和高的切削速度与之配合时，进给量 f 可适当选大些。

（3）切削速度 v_c 的选择

背吃刀量 a_p 和进给量 f 选定后，再根据刀具规定达到的合理寿命 T(min)，由计算公式确定切速度 v_c，因公式修正系数多，计算麻烦，实际加工过程中，也可根据生产实践经验和查《机械加工工艺手册》的方法来确定切削速度 v_c。

在生产中选择切速度 v_c 的一般原则有：

① 粗加工时，背吃刀量 a_p 和进给量 f 较大，故选择较低的切削速度 v_c；精加工时，背吃刀量 a_p 和进给量 f 均较小，故选择较高的切削速度 v_c。

② 工件材料强度、硬度高时，应选较低的切削速度 v_c。加工奥氏体不锈钢、钛合金和高温合金等难加工材料时，只能取较低的切削速度 v_c。

③ 切削合金钢比切削中碳钢的切削速度应降低 20%～30%；切削调质状态的钢比切削正火、退火状态钢要降低切削速度 20%～30%；切削有色金属比切削中碳钢的切削速度可提高 100%～300%。

④ 刀具材料的切削性能越好，切削速度也选得越高。如硬质合金钢刀具的切削速度比高速钢刀具可高好几倍，涂层刀具的切削速度比未涂层刀具要高，陶瓷、金刚石和 CBN 刀具可采用更高的切削速度。

4. 机床功率的校验

切削用量确定后，还需对机床功率进行校验（仅对粗加工）。

$$切削功率 = F_c \cdot v \leqslant P \cdot \eta \cdot 10^3$$

$$导出 v \leqslant \frac{P \cdot \eta \cdot 10^3}{F_c}$$

式中　P——机床电机功率，kW；
　　　η——机床传动效率；
　　　F_c——主切削力，N。

如不能满足上式，就要进行分析，适当减小所选用的切削用量。如切削功率远小于机床有效功率，则产能过剩也不合适，就要进行分析，适当增大所选切削用量。

拓展训练

完成图8-19所示零件的加工。其材料为45钢，毛坯为六面已经加工好的150mm×70mm×32mm的长方料，单件生产。

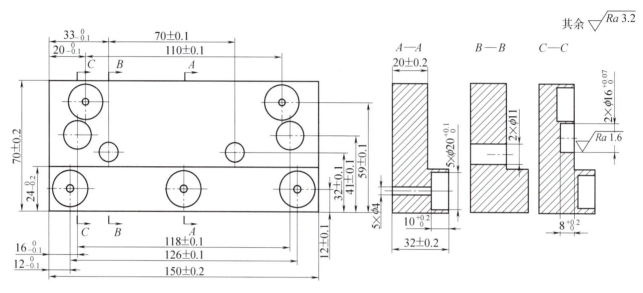

图8-19　零件图

任务九　中级工实操试题1铣削加工

任务目标

【知识目标】
1. 掌握零件加工工艺分析的基本方法。
2. 掌握刀具的合理选择。
3. 掌握手动编程的方法。
4. 掌握数控加工工艺规程制订相关知识。
5. 了解常见CAPP系统。

【能力目标】
1. 能正确分析零件工艺。
2. 能合理安排工序。
3. 能正确编制程序。
4. 能编制简单零件的数控加工工艺文件。

【思政与素质目标】
树立高尚的职业道德，具有一丝不苟的工作态度，弘扬爱国主义和工匠精神。

任务实施

【任务内容】
现有一毛坯为已经加工好的80mm×80mm×25mm的铝合金材料，试加工如图9-1所示的工件，确保尺寸和粗糙度要求。

【工艺分析】

9.1　零件图分析

零件图中，外轮廓尺寸有（70±0.05）mm和（60±0.05）mm 2个尺寸，尺寸公差都是对称公差0.05。孔尺寸$\phi 10^{+0.06}_{0}$，还有4个R8，2个R10，是未注公差，可按±0.3加工。高度尺寸为5mm，没有标注公差，按中等级别，应为±0.1。图中公差值较大，采用数控铣床和硬质合金立铣刀加工完全可以达到公差要求。

毛坯材料为铝合金材料，比较适合切削加工，刀具应选择前角较小的刀具，适合加工铝料。切削参数选择时也要适应铝合金材料。

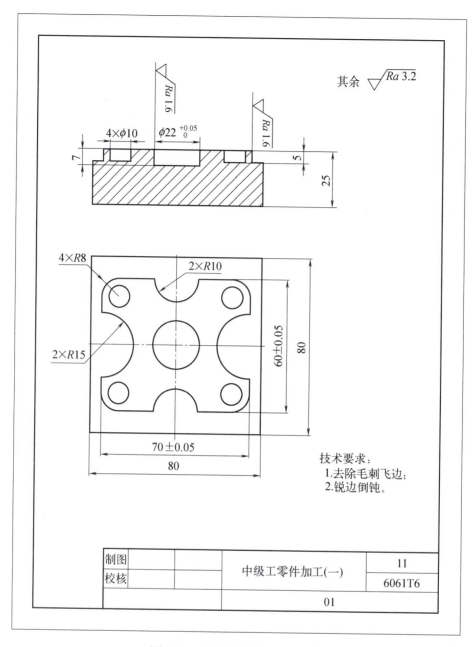

图 9-1 中级工零件加工（一）

图纸尺寸中的长度尺寸均为对称尺寸标注，而高度尺寸是以毛坯顶面为基准进行标注的。尺寸的标注方法会影响到后续工艺基准的选择和工件坐标原点的设置。

技术要求中明确要去除毛刺飞边，锐边倒钝，在加工后要使用刮削器去除毛刺，并使用平锉和圆锉对零件四周和孔倒角，以满足图纸要求。

9.2 机床及夹具选择

图纸要求加工零件的外形轮廓为平面二维轮廓。孔共有 5 个孔，都是直孔，且尺寸精度和表面粗糙度要求均不高。此类零件如果使用普通铣床加工，无法在一次加工中完成外轮廓的完整走刀，表面粗糙度无法保证，而使用数控铣床加工则完全可以满足图纸要求的精度。

根据图纸中零件的外形结构分析，毛坯为 80mm×80mm 的正方形，高度只有 25mm，零件外形为平面轮廓，深度较浅，采用三轴数控铣床定轴加工方式完全可以加工，不需要工件转角度，所以采用通用夹具平口钳即可装夹工件。

9.3 工件坐标原点的确定

从零件图分析可知，图纸尺寸中的长度尺寸均为对称尺寸，根据工艺知识可知，设计基准应为零件中心，即在XY平面内的设计基准在毛坯的中心处。在零件高度方向，标注的起始位置为毛坯顶面，即Z方向的设计基准为毛坯顶面。为保证加工轮廓与毛坯轮廓的位置，采用基准重合的原则，工件坐标系原点应和设计基准重合，也设置在毛坯的中心，即毛坯顶面的中心设置为工件坐标系原点，如图9-2所示，方便后续的编程和机床操作对刀。

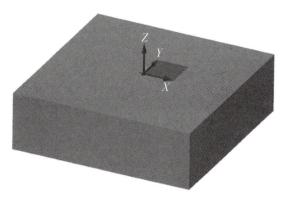

图 9-2　工件坐标原点位置

9.4 进、退刀路线的确定

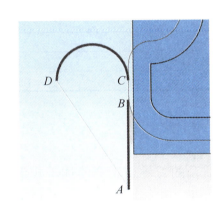

图 9-3　刀具进退刀路线

加工路线是指在机床切削过程中，刀具中心的运动轨迹和方向，主要影响后续的编程工作。首先要确定刀具的切削方式，有顺铣和逆铣两种选择。一般在数控铣床加工铝合金材料时常用顺铣方式，可以提高刀具使用寿命，使加工表面粗糙度小。结合编程的知识，使用刀具半径补偿指令时要选用G41，而不是G42。在加工外轮廓时应为顺时针方向走刀，加工中间$\phi22$的孔时应为逆时针方向走刀。

为保证零件表面的粗糙度值达到要求，在后续编程时，加工轮廓的进退刀都应保证切向切入切出。如图9-3所示，直线AB为刀具进刀的路线，CD为刀具退刀的路线，均与轮廓保持相切关系进退刀，保证工件表面粗糙度值达到图纸要求。

9.5 切削用量的确定

图纸说明加工用的毛坯材料为铝合金，刀具材料选择专切铝材的整体硬质合金，需要加工的深度为5mm和7mm，根据内外轮廓的不同确定切削用量见表9-1。

表 9-1　切削用量

加工部位	工序名称	背吃刀量 a_p/mm	侧吃刀量 a_e/mm	切削速度 v_c/(m/min)	进给速度 F/(mm/min)
内外轮廓	粗加工	2.5～3.5	2	70	400
	半精加工	2.5～3.5	0.2	80	500
	精加工	2.5～3.5	0.1	80	500
$\phi22$ 的孔	粗加工	7	5	40	400
	半精加工	2	0.2	70	500
	精加工	2.5	0.1	70	500

主轴转速可以由计算v_c的计算公式推导而来，见式（9-1）。由此可计算出主轴转速的值。

$$v_c = \frac{\pi D n}{1000} \to n = \frac{1000 v_c}{\pi D} \tag{9-1}$$

【编写技术文件】

9.6 工序划分

使用数控铣床加工零件一般按照工序集中原则确定工序内容。经常用到的方法是按粗精加工划分工序和按刀具划分工序。其中第一种方式见表9-2,第二种方式见表9-3。当加工零件的精度要求较高时,必须划分工序,要经过粗加工、半精加工和精加工三个阶段。图纸上有公差要求,需要在加工时划分3个阶段。操作时可以采用改变刀具直径、采用刀具半径补偿等方法实现。

表 9-2 工序划分

工序	加工内容
粗加工	70×60×5 的轮廓
	$\phi22$ 的孔
半精加工	半精 70×60×5 的轮廓
	半精 $\phi22$ 孔
精加工	精加工轮廓,保公差
	精 $\phi22$ 孔至尺寸

9.7 刀具选择

刀具的种类很多,要根据实际加工需要进行合理选择。使用适合的刀具加工会使加工效率提升很多。从前面的零件图纸的分析中可知,需要加工的主要内容是二维轮廓和孔,尺寸精度和深度适中,可以选择的刀具也相对比较多。选择方案见表9-3。

表 9-3 刀具选择方案

	刀具名称	刀具号	加工内容	规格	加工内容
方案一	盘刀	1	粗加工	$\phi50$	粗加工 70×60×5 的轮廓
	立铣刀	2	粗加工	$\phi12$	粗加工 $\phi22$ 的孔
	立铣刀	3	半精加工	$\phi10$	半精 70×60×5 的轮廓
					半精 $\phi22$ 孔
	中心钻	4	打中心孔	A3	打 5 个中心孔
	立铣刀	5	精加工	$\phi8$	精加工轮廓,保公差
					精 $\phi22$ 孔至尺寸
	麻花钻	6	打孔	$\phi10$	$\phi10$ 孔打孔到尺寸
					$\phi22$ 孔打底孔
方案二	立铣刀	1	粗加工	$\phi12$	粗加工 70×60×5 的轮廓
					粗加工 $\phi22$ 的孔
	中心钻	2	打中心孔	A3	打 5 个中心孔
	立铣刀	3	半精加工	$\phi10$	半精 70×60×5 的轮廓
			精加工		精加工轮廓,保公差
					精 $\phi22$ 孔至尺寸
	麻花钻	4	打孔	$\phi10$	$\phi10$ 孔打孔到尺寸
					$\phi22$ 孔打底孔

两个方案中,方案一需使用6把刀具,换刀次数多,加工时间延长,加工效率低。而方案二用到4把刀具,减少了加工中的换刀次数,提高了加工效率。故实际加工时可选用方案二配置刀具。

9.8 编写参考程序

(1) 计算节点坐标 (见表 9-4)

表 9-4 节点坐标

	X	Y
1	−35.00	−22.00
2	−35.00	−15.00
3	−35.00	15.00
4	−35.00	22.00
5	−27.00	30.00
6	−10.00	30.00
7	10.00	30.00
8	27.00	30.00
9	35.00	22.00
10	35.00	15.00
11	35.00	−15.00
12	35.00	−22.00
13	27.00	−30.00
14	10.00	−30.00
15	−10.00	−30.00
16	−27.00	−30.00

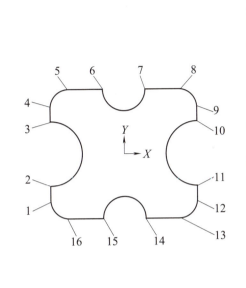

(2) 编制加工程序

在正确地设立工件坐标系后,就可以编辑程序了。程序见表 9-5。

表 9-5 程序内容

序号	程序	备注	序号	程序	备注
1	G90 G40 G80 G49;	初始化程序段	15	G02 X35 Y22 R8	R8 圆弧加工
2	G54 S3000 M03	设立坐标系,主轴正转	16	G01 Y15	
3	G00 Z100	抬刀到安全高度	17	G03 Y−15 R15	R15 圆弧加工
4	X−35 Y−55	快速定位到加工起始点	18	G01 Y−22	
5	Z5	刀具下降	19	G02 X27 Y−30 R8	R8 圆弧加工
6	G01 Z−2 F500	下刀到切削深度	20	G01 X10	
7	G41 Y−45 D01 F900	建立刀具半径补偿	21	G03 X−10 R10	R10 凹圆弧加工
8	Y−15	轮廓加工	22	G01 X−27	
9	G03 Y15 R15	R15 圆弧加工	23	G02 X−35 Y−22 R8	R8 圆弧加工
10	G01 Y22		24	G01 Y0	
11	G02 X−27 Y30 R8	R8 圆弧加工	25	G00 Z100	抬刀
12	G01 X−10		26	G40 X0	取消刀具半径补偿功能
13	G03 X10 R10	R10 凹圆弧加工	27	M30	
14	G01 X27				

【零件加工】

加工操作同前面任务,不再赘述。

知识拓展
——加工工艺规程制订

一、数控加工工艺规程的概念

工艺过程，由若干个顺序排列的工序组成。而工序又可分为工位、安装、工步和走刀四个部分。

工序：指一个或一组工人，在一个工作地点，对同一或同时对几个工件所连续完成的那一部分工艺过程。

安装：指工件经一次装夹后所完成的那一部分工序。

工步：指在加工表面和加工工具不变的情况下，所连续完成的那一部分工序内容。

工位：指一次装夹工件完成后，工件与夹具或设备的可动部分一起相对刀具或设备的固定部分所占据的每一个位置。

走刀：指在一个工步内被加工表面需去除的金属材料，如果很厚，就可以分为几次切削，每切削一次为一次走刀。

工艺规程定义：规定产品或零部件制造工艺过程和操作方法等的工艺文件。

工艺规程作用：

① 指导生产的主要技术文件；

② 组织生产和管理的基本依据；

③ 新建、扩建工厂（车间）的基本资料。

二、数控加工工艺规程的要求

① 在保证产品质量的前提下，能尽量提高生产率和降低成本；

② 做到技术上的先进性、经济上的合理性，保证工人具有良好的劳动条件；

③ 制订工艺规程时，工艺人员必须认真研究原始资料，如产品图样、生产纲领、毛坯资料及生产条件的状况等；

④ 编制工艺时，参照同行业工艺技术的发展，综合本部门的生产实践经验，进行工艺文件的编制。

三、数控加工工艺规程制订流程

① 零件图的研究与工艺审查；

② 确定生产类型；

③ 确定毛坯的种类和尺寸；

④ 选择定位基准和主要表面的加工方法，拟定零件的加工工艺路线；

⑤ 确定工序尺寸、公差及其技术要求；

⑥ 确定机床、工艺装备、切削用量及时间定额；

⑦ 填写工艺文件。

四、制订工艺规程的方法与步骤

1. 零件图样的工艺分析

（1）读图和审图

分析零件图是否完整正确，同时认真审查零件图样的技术要求。零件尺寸标注应符合数控加工的特点；零件定位基准要可靠。

（2）零件结构工艺性

在进行零件结构工艺分析时，要考虑零件在满足使用要求的前提下，制造的可行性和经济性。

【3】毛坯及加工余量

在毛坯种类选择时，要考虑零件材料及其力学性能；零件的功能、生产类型、具体生产条件、毛坯形状和尺寸的选择要尽量实现切屑去除少，因此毛坯形状上要力求接近成品形状，减少机械加工的劳动量；尺寸小或者薄的零件，为便于装夹并减少夹头，可多个工件连在一起，由一个毛坯制出；装配后形成同一工作表面的两个零件，为保证加工质量并使加工方便，常把两件合为整体毛坯，加工到一定阶段后再切开；对于不便装夹的毛坯，可考虑在毛坯上另外增加装夹余量或装夹凸台、装夹工艺凸耳等辅助基准。

2. 确定加工余量的方法

确定加工余量的方法有三种，分别是：

【1】查表法

根据各工厂的生产实践和试验研究积累的数据，先制成各种表格，再汇集成手册。确定加工余量时，查阅这些手册，再结合工厂的实际情况进行适当修改后确定。

【2】经验估计法

根据实际经验确定加工余量。一般情况，为防止因余量过小而产生废品，经验估计的数值总是偏大。

【3】分析计算法

根据加工余量计算公式和一定的试验资料，对影响加工余量的各项因素进行分析，并计算确定加工余量。

3. 工艺路线的拟定

【1】切削工序安排基本原则

① 基面先行原则。零件加工时，必须选择合适的表面作为定位基面，以便正确安装工件。在第一道工序中只能用毛坯面及未加工面作为定位基面。在后续的工序中，为提高加工质量，应尽量采用加工过的表面作为定位基面。显然，安排加工工序时，精基准面应该先加工。例如，轴类零件的加工多采用中心孔为精基准。因此，在安排其加工工艺时，首先应安排车端面、钻中心孔工序。

② 粗、精分开，先粗后精的原则。零件加工质量要求高时，对精度要求高的表面应划分加工阶段，一般可分为粗加工、半精加工和精加工三个阶段，精加工应该放在最后，这样有利于保证加工质量，有利于某些热处理工序的安排。

③ 先面后孔的原则。对于箱体支架类零件，应先加工表面后加工孔，这是因为平面的轮廓平整、安放和定位稳定可靠，先加工好表面，就能以平面定位加工孔，保证平面和孔的位置。

【2】热处理工序安排原则

① 改善金属材料切削性能的热处理工序，比如退火、正火，一般安排在粗加工之前进行。

② 消除内应力的热处理工序，比如中间退火、回火、时效处理等，一般安排在粗加工与精加工之间进行。

③ 提高力学性能的热处理工序，淬火、调质、渗碳等表面处理一般安排在最终加工之前进行。要注意所有的热处理工序都是在零件最终精加工之前进行。这是因为零件经过热处理工序之后一定会有变形，最终加工时可以纠正变形带来的误差。

④ 安排好检验工序，在成批生产的工厂执行自检、互检、专检，产品经检验合格方可出厂。量具应定期交有关部门检验，不合格的量具不允许使用。

五、数控加工常用工艺文件

填写数控加工专用技术文件是数控加工工艺设计的内容之一，这些技术文件既是数控加工的依据、产品验收的依据，也是操作者遵守和执行的规程。

技术文件是对数控加工的具体说明，目的是让操作者更明确加工程序的内容、装夹方式、各个加工部位所选用的刀具及其他技术问题。

数控加工技术文件主要有：

数控编程任务书、数控加工工件装夹和加工原点设定卡片、数控加工工序卡片、数控加工走刀路线图、数控刀具卡片、数控加工程序单等几种常用的工艺文件格式，文件格式可以根据企业实际情况自行设计。

1. 数控编程任务书

数控编程任务书，主要包括数控加工工序说明和技术要求，是编程人员和工艺人员协调工作、编制程序的重要依据之一。

2. 数控加工工件装夹和加工原点设定卡片

数控加工工件装夹和加工原点设定卡片，主要表示出加工原点、定位方法和夹紧方法，并注明加工原点位置、坐标方向、使用的夹具名称的编号等。

3. 数控加工工序卡片

数控加工工序卡片，与普通加工工序卡片有许多相似之处，只是数控加工工序卡片应注明编程原点、对刀点，必要时进行简要编程说明，比如机床型号、程序介质、程序编号、刀具半径补偿及刀具参数的选择等。

4. 数控加工走刀路线图

在数控加工中常常要注意并防止刀具在运动过程中与夹具或工件发生意外碰撞，因此必须要告诉操作者编程中的刀具运动路线。

5. 数控刀具卡片

数控刀具卡片，反映刀具编号、名称、规格、组合件名称代码、刀片型号和材料等。它是组装刀具和调整刀具的依据。

6. 数控加工程序单

数控加工程序单，是根据工艺分析情况，经过数值计算，按照数控机床规定指令代码，根据程序运行轨迹图的数据处理而编写的。

——常见 CAPP 系统介绍

一、CAPP 简介

CAPP（Computer Aided Process Planning）是计算机辅助工艺规程设计的简称，是借助于计算机软硬件技术和支撑环境，利用计算机进行数值计算、逻辑判断和推理等的功能来制订零件机械加工工艺过程。辅助工艺设计人员，以系统、科学的方法确定零件从毛坯到成品的整个技术过程，即工艺规程。

1. CAPP 的产生

工艺过程设计属于产品设计和制造的接口位置，需要分析和处理大量信息。各种信息之间的关系极为错综复杂。传统工艺设计存在对工艺设计人员要求高、工作量大、效率低下、无法利用 CAD 的图形数据、难以保证数据的准确性、信息不能共享等缺点，因此 CAPP 系统应运而生。

2. CAPP 的作用

CAPP 系统的功能是通过向计算机输入被加工零件的几何信息（形状、尺寸等）和工艺信息（材料、热处理、批量等），由计算机自动输出零件的工艺路线和工序内容等工艺文件。

计算机辅助工艺过程设计是计算机辅助设计和计算机辅助制造之间的桥梁，同时又是计划调度、生产管理等所需信息的交会枢纽，是把产品本身进行定义的数据转换成面向制造的数据的关键环节，所以它在计算机集成制造系统中占有重要地位。

3. CAPP 的结构组成

CAPP 系统一般由七个模块组成：

① 控制模块。用来协调各模块运行，实现人机之间信息交流，控制零件信息获取方式。

② 零件信息获取模块。文件信息输入可以用两种方式，第一种是人工交互输入，第二种是从 CAD

系统直接获取来自其中环境下统一的产品数据模型。

③ 工艺过程设计模块。它可以进行加工工艺过程的决策，生成工艺过程卡。

④ 工序决策模块。生成工序卡。

⑤ 工步决策模块。生成工步卡及提供行程的 NC 指令所需的刀位文件。

⑥ NC 加工指令生成模块。根据刀位文件生成控制机床的 NC 加工指令。

⑦ 输出模块。输出工艺过程卡、工序和工步卡、工序图等各类文档，并可利用编辑工具对现有文件进行修改，得到所需的工艺文件。

4. CAPP 系统

图 9-4 中显示 CAPP 系统的逻辑运算流程：在准备阶段将零件图进行编码分组，形成零件组，添加工艺设计文件，形成特征矩阵文件和标准工艺规程文件。在使用阶段，可以将目标零件图进行编码分组，在零件组中进行搜索，然后在标准工艺组中进行搜索、编辑，最终形成工艺规程文件。

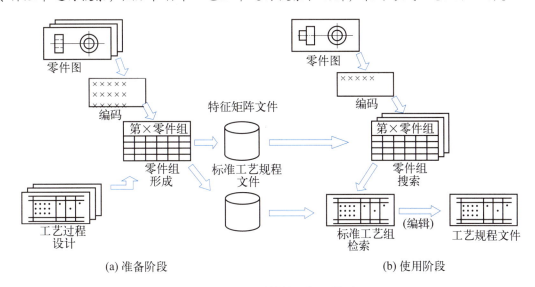

图 9-4　CAPP 系统的逻辑运算流程

二、国内商品化的 CAPP 系统介绍

目前国内商品发达，CAPP 系统主要有武汉开目 CAPP、山大华天 CAPP、清华天河 CAPP、上海思普 SIPM/CAPP、金叶 CAPP、艾克斯特 XTCAPP 以及 CAXA CAPP 等。这在一定程度上满足了国内企业的需求。其中开目 CAPP 系统使用人群较多，市场占有率较高。下面以 CAXA CAPP 为例，介绍工艺软件功能及其特点。

CAXA CAPP 工艺图表集 CAD 与 CAPP 于一体，提供图文混排、尺寸提取、知识重用、工艺知识库、典型工艺、汇总统计等强大功能。通过基于知识库的快速填写、图形的直接绘制、已有图形的导入、图形尺寸的快速提取、卡片的关联管理、工艺资源库和典型工艺库等的丰富应用，满足企业工艺编制阶段遇到的各种需求，帮助企业更高效、更准确地进行工艺卡片的编制及工艺数据的汇总。

1. CAXA CAPP 优点

【1】工艺编制高效快捷

CAXA CAPP 工艺图表提供各种特殊的 CAD 工程符号，能够直接进行卡片的填写与编辑；支持图文混排；通过知识重用，自动更新系统关联信息，做到一处录入、多处应用。

【2】工艺知识沉淀，新工艺快速生成

CAXA CAPP 工艺图表提供各种通用的标准卡片模板，并提供标准的工艺知识信息。开放的知识库管理，典型工艺的应用，更加方便企业典型工艺知识的沉淀及新工艺的快速生成。

【3】IATF16949 模块聚焦行业，专业规范

CAXA CAPP 工艺图表针对汽车零部件行业及其他零部件行业，提供 IATF16949 专业功能模块，可

以快速生成控制计划、潜在失效模式及后果分析（FMEA 卡片）、作业指导书、检验卡片等，可以快速绘制过程流程图，通过工程符号生成后续卡片，并保持关联关系。企业可沉淀、积累 FMEA 经验，支持 FMEA 中 RPN 和 AP 值的自动计算。

（4）承前启后，集成贯通

CAXA CAPP 工艺图表作为快速的工艺编制工具，既能承接各类设计数据，又能为 PDM\ERP\MES 等系统提供所需的工艺信息，为企业数据和业务的贯通提供必要的支撑。

2. CAXA CAPP 功能

（1）图形编辑

CAXA CAPP 工艺图表包含 CAXA CAD 电子图板所有图形绘制、尺寸标注等功能，在编制卡片的同时，可以直接进行工装设计和工艺简图的绘制。支持直接插入 dwg、exb 等格式的图纸，并支持直接修改，使工艺人员可以轻松完成图形的绘制。

（2）文字编辑

CAXA CAPP 工艺图表支持对卡片中的文字等进行编辑和修改；提供各种特殊的 CAD 工程符号，能够直接填写与编辑。单元格填写时支持基于知识库的下拉式自动提示，方便输入。同时支持文本颜色及是否加粗的修改，如图 9-5 所示。

焊接层次	焊接方法	焊接材料 牌号	规格	消耗	烘干温度	保温时间	电源极性	焊接电流（A）	焊接电压（V）	焊接速度（cm/min）
	GT焊	H10MnSi	Φ2				直正	90~110	20~22	10~11

焊接方法	牌号	规格	消耗	烘干温度	保温时间	电源极性
SAW	H10Mn2/SJ101	Φ4		/300~350°C	/2h	直反
SMAW	J507	Φ5		350°C	1h	直反
SMAW	A102	Φ5		150~250°C	1h	直反
SAW	H10Mn2/SJ101	Φ4		/300~350°C	/2h	直反
SAW	H00Cr19Ni12Mo2/HJ260	Φ4		/300~400°C	/2h	直反
SAW	H00Cr19Ni12Mo2/HJ260	Φ4		/300~400°C	/2h	直反
SAW	H10Mn2/SJ101	Φ4		/300~350°C	/2h	直反
SMAW	J507	Φ5		350°C	1h	直反
SMAW	J507	Φ4		350°C	1h	直反
SMAW	J507	Φ3.2		350°C	1h	直反
SMAW	J507	Φ2.5		350°C	1h	直反

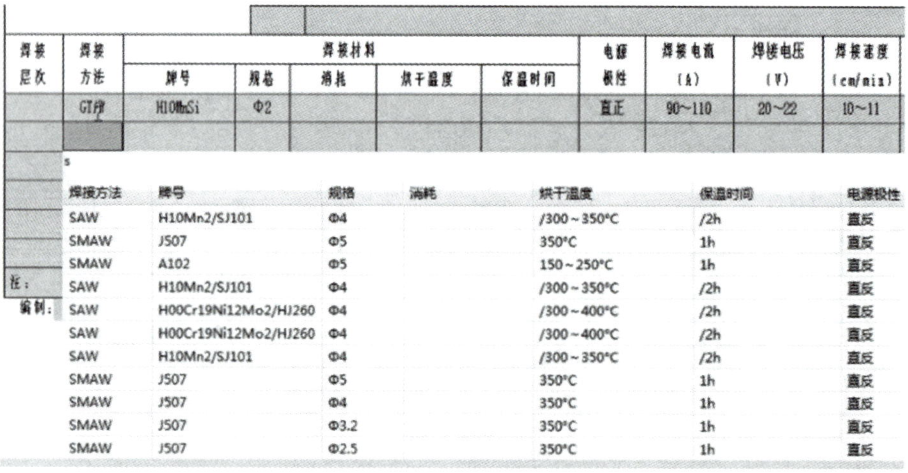

图 9-5 文字编辑功能

（3）尺寸提取

CAXA CAPP 工艺图表支持对卡片中图形尺寸的提取，并自动编号，方便企业快速准确生成检验卡片、气泡图，如图 9-6 所示。

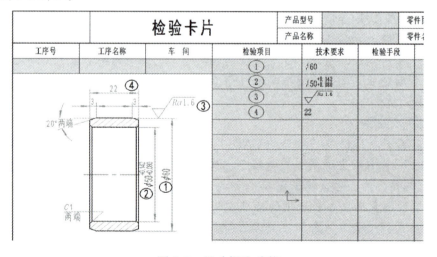

图 9-6 尺寸提取功能

【4】典型工艺借用

充分遵循知识重用与再用思想,可对历史改型产品、相似零件工艺,方便地重用这些卡片上的工艺数据,如图9-7所示。

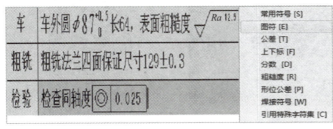 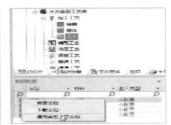

(a) 提供特殊的CAD工程符号　　　　　　　　(b) 典型工艺借用

图9-7　典型工艺借用功能

【5】模板库与工艺知识库

提供各种通用的标准卡片模板,并针对制造业企业需求,提供标准的工艺知识库信息,用户可根据需要扩充工艺知识库,沉淀工艺知识,使之成为企业宝贵的资源,如图9-8所示。

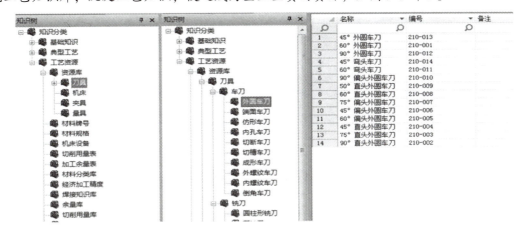

图9-8　工艺知识库

【6】打印

通过单张打印、排版打印及批量打印功能,支持回填签名的功能。排版打印支持工艺文档与图纸文档混合排版输出。

【7】支持工艺内容可视化

工艺卡片不仅支持dwg、dxf、exb等CAD格式图形的插入,还支持图片、视频的插入。插入的视频支持直接播放,显示方式直观,方便工艺浏览人员对工艺的理解。同时,生成的工艺卡片在通过CAXA组件浏览时,也支持视频的播放,方便了可视化工艺直接在车间的电子发放,如图9-9所示。

支持单张卡片另存功能,方便单张卡片的共享和发放。Info组件支持卡片拆分,拆分后可转换成pdf。方便实现工艺在车间基于工序的精准发放。

【8】IATF16949专业模块

IATF16949专业功能模块,可以快速生成过程流程图、控制计划、FMEA、作业指导书、检验卡片等,并通过关联关系管理,保证多张卡片数据一致性。同时支持单人编制模式和多人协同编制模式下的数据关联,如图9-10所示。

【9】FMEA管理

提供FMEA数据库管理机制,方便根据FMEA数据库自动匹配关联内容,快速进行FMEA编制。

系统支持新版FMEA中AP的快速计算,用户填写S\O\D值后,系统根据规则自动计算相应的AP行动优先级。知识库内置了标准的DFMEA\PFMEA\FMEA-MSR行动优先级评价规则,可以自动计算AP。

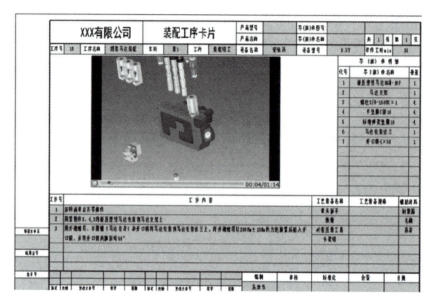

图 9-9　工艺内容可视化功能

图 9-10　IATF16949 专业功能模块

【10】专业汇总模块

① 数据支持。通过文件导入方式，提取 CAD 图纸的设计信息、工艺文档的工艺信息，形成面向产品结构的设计、工艺信息汇总资料。

② 材料定额计算。支持对产品以及零部件进行"材料定额计算"功能。用户可在数据库中进行相关设置，利用"材料定额计算"功能，针对生产单位质量合格产品所必须消耗的一定规格的材料进行计算，并生成材料消耗汇总明细。

③ 汇总表格定制、汇总、输出。CAXA CAPP 工艺汇总表模块提供强大的报表定制功能，可根据用户需求定制汇总报表的内容和要求，如按分厂、按产品汇总材料消耗，工时定额，外购件外协件明细，工装刀具明细等，如图 9-11 所示。提供汇总报表不同格式的存储、打印输出。

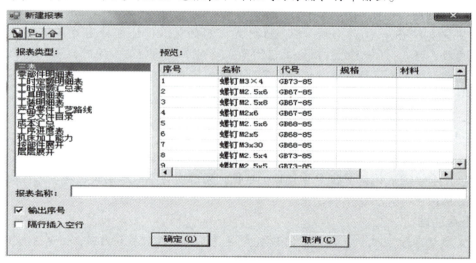

图 9-11　报表定制功能

④ 专项集成。CAXA CAPP 工艺图表不但可以高效灵活地编制工艺文件、快速汇总各种 BOM 信息，还留有充分可扩展的设计和数据接口，与其他产品紧密集成，在企业信息化建设中紧密地连接其他环节，承上启下，实现信息的共享，如图 9-12 所示。

图 9-12　专项集成功能

拓展训练

完成图 9-13 所示零件的加工。

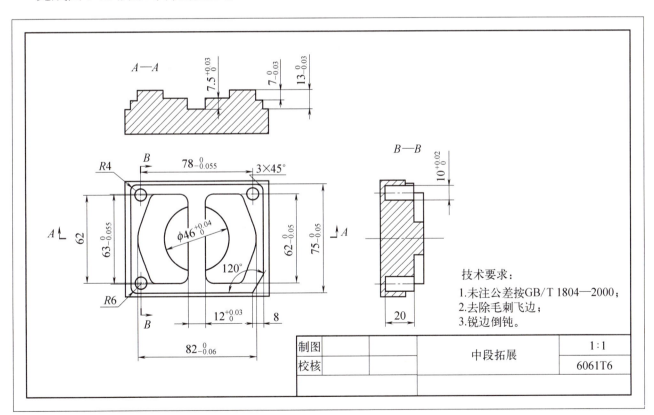

图 9-13　零件图

任务十　中级工实操试题 2 铣削加工

 任务目标

【知识目标】

1. 了解 CAD/CAM 软件的使用方法。
2. 掌握零件加工刀路生成方法。
3. 掌握零件标注方法。
4. 掌握零件加工仿真模拟方法。
5. 掌握生成 NC 代码方法。
6. 理解孔加工固定循环动作含义并掌握孔加工固定循环的编程方法。

【能力目标】

1. 能编制简单零件的加工工艺。
2. 能用 CAD/CAM 软件进行简单零件造型。
3. 能进行简单零件刀具参数、加工参数设置并对刀具轨迹进行仿真操作。
4. 能够根据不同的数控系统生成 NC 代码。

【思政与素质目标】

1. 弘扬劳动光荣、技能宝贵，创造伟大的时代风尚。
2. 弘扬精益求精的专业精神、职业精神、工匠精神和劳模精神。

 任务实施

【任务内容】

现有一毛坯为已经加工好的 90mm×90mm×30mm 的铝合金材料，试铣削如图 10-1 所示的工件，确保尺寸和粗糙度要求。

【工艺分析】

10.1　零件图分析

零件图如图 10-1 所示，毛坯尺寸为 90mm×90mm×30mm，无需加工。外形轮廓尺寸有 $80_{-0.03}^{\ 0}$ mm，$66_{-0.04}^{\ 0}$ mm，$64_{\ 0}^{+0.05}$ mm，$\phi24_{\ 0}^{+0.04}$ mm 4 个尺寸，尺寸公差在 0.03 至 0.05 之间。两个孔的尺寸 $\phi16_{\ 0}^{+0.05}$ 的上偏差为 +0.05，下偏差为 0。还有 2 个 R10，2 个 R3，2 个 R7 是未注公差，可按 ±0.3 加工。高度方向，外轮廓尺寸为 $6_{-0.03}^{\ 0}$，内轮廓与孔深为 $8_{-0.03}^{\ 0}$，公差值均为 0.03。为

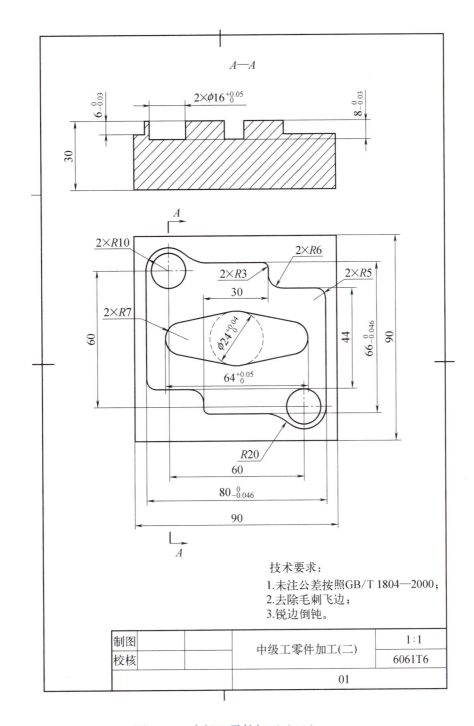

图 10-1 中级工零件加工（二）

达到图中要求的公差值，采用数控铣床和硬质合金立铣刀加工。

毛坯材料为铝合金材料，比较适合切削加工，刀具应选择前角较小的刀具，适合加工铝料。切削参数选择时也要适应铝合金材料。

图纸尺寸中的长度尺寸均为对称尺寸标注，而高度尺寸是以工件上表面为基准进行标注的，此种标注方法会对工件坐标原点设定产生影响。

技术要求中明确要去除毛刺飞边，锐边倒钝，在加工后要使用刮削器去除毛刺，并使用平锉和圆锉对零件四周和孔倒角，以满足图纸要求。条件允许时还可以使用倒角刀具对零件进行倒角处理。

10.2 机床及夹具选择

图纸零件外形为规则的正方形，轮廓深度较浅，适合使用平口虎钳装夹。依据上一步骤对零件图的分析，图纸要求的公差均可使用数控铣床加工完成，完全能达到公差要求。毛坯与所要求的零件轮廓之间的余量不大，后续的粗加工也可以在数控机床上完成，不需要另安排普通铣床。

10.3 工件坐标原点的确定

依前所学内容，图纸标注尺寸在 X 向和 Y 向均为对称标注，即设计基准为零件中心，依据"基准重合"原则，应把工件坐标系的 $X0Y0$ 设在毛坯中心处。图纸中的高度方向尺寸是以毛坯上表面为设计基准标注的，同理，高度方向的 $Z0$ 应该设在毛坯上表面的中心处。

10.4 进、退刀路线的确定

由图纸可知，毛坯材料为铝合金，在数控铣床加工铝合金材料时常用顺铣方式，使用刀具半径左补偿指令 G41，即在加工外轮廓时应为顺时针方向走刀，加工孔和凹腔时应为逆时针方向走刀。

精加工轮廓的进退刀安排都应保证刀具从零件轮廓上切向的切入切出，保证零件表面的粗糙度值达到图纸要求。

10.5 切削用量的确定

图纸说明加工用的毛坯材料为铝合金，刀具材料选择专切铝材的整体硬质合金，需要加工的深度为 6mm 和 8mm，根据内外轮廓的不同确定切削参数见表 10-1。

表 10-1 切削用量

加工部位	工序名称	背吃刀量 a_p/mm	侧吃刀量 a_e/mm	切削速度 v_c/(m/min)	进给速度 F/(mm/min)
内外轮廓	粗加工	3~4	2	70	400
	半精加工	3~4	0.2	80	500
	精加工	3~4	0.1	80	500

主轴转速可以由计算 v_c 的计算公式推导而来，见式（10-1）。由此可计算出主轴转速。

$$v_c = \frac{\pi D n}{1000} \rightarrow n = \frac{1000 v_c}{\pi D} \tag{10-1}$$

【编写技术文件】

10.6 工序划分及刀具选择

由上述分析可知，机床选用数控铣床完成加工。数控铣床一般按照工序集中原则确定工序内容，按照刀具使用顺序为原则划分工序。在软件中可设置相应刀具加工合适部位。所用刀具见表 10-2。其中，粗加工使用直径较大的刀具，便于给出较大的吃刀量，快速去除余量。半精加工和精加工使用一把刀具，保证加工的最终尺寸公差。孔的加工放在轮廓粗加工前或后进行均可。

表 10-2 工序划分

刀具类型	刀具直径	工序	加工内容
立铣刀	φ12	粗加工	高度为 6mm 的凸台轮廓
			长度为 64mm 的菱形凹腔
中心钻	A3		两个 φ16mm 孔打中心孔
麻花钻	φ10	粗加工	粗钻两个 φ16mm 孔
立铣刀	φ10	半精加工	高度为 6mm 的凸台轮廓
			长度为 64mm 的菱形凹腔
			铣两个 φ16mm 孔
		精加工	高度为 6mm 的凸台轮廓
			长度为 64mm 的菱形凹腔
			铣两个 φ16mm 孔

【零件 CAM 程序编制】

10.7 编写参考程序

此案例采用软件进行编程，现以 MasterCAM2020 版本为例讲解。

10.7.1 绘制实体模型

通过观察得知，此图形上下两部分为中心对称图形，只要画出上半部分，通过旋转的方法就可得到下半部分。

实体建模

① 单击 图标，宽度和高度分别输入 90，勾选"矩形中心点"复选框，如图 10-2 所示。在绘图区直接输入（0，0）坐标，回车，单击 图标，绘制出 90×90 矩形，如图 10-3 所示。输入坐标时注意要切换到英文输入状态才能输入坐标值。

图 10-2 输入矩形参数

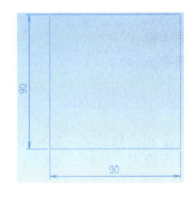

图 10-3 绘制矩形

② 单击已知点画圆 图标，半径改为 10，回车，输入（-30，30），单击 图标。绘制出 R10 圆弧，如图 10-4 所示。

③ 单击直线 图标，连接矩形两条竖直直线的中点做一条直线。单击 图标，如图 10-5 所示。

④ 单击补正 按钮，将直线向上等距 33，参数如图 10-6 所示。鼠标左键单击直线，再在直线上方任意位置单击鼠标左键一次，绘制出另一条直线，如图 10-7 所示。单击 图标。绘图区单击鼠标右键，选清除颜色 按钮，直线颜色恢复。

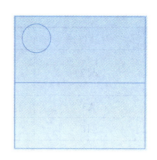

图 10-4　绘制 R10 圆弧　　　　　　　　　图 10-5　绘制直线

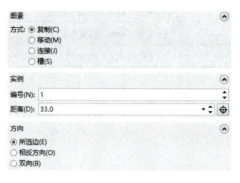
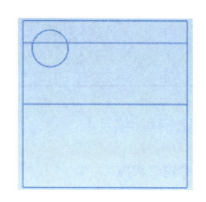

图 10-6　补正参数　　　　　　　　　　　图 10-7　等距直线

⑤ 单击切弧 按钮，参数如图 10-8 所示修改，鼠标左键单击 R10 和直线，会出现如图 10-9 所示的 4 条候选切弧，单击所需的圆弧，单击 图标。结果如图 10-10 所示。

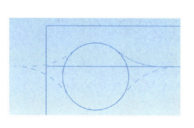
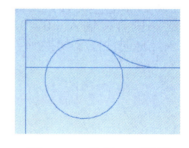

图 10-8　切弧参数　　　　　图 10-9　候选切弧　　　　　图 10-10　绘制 R20 圆弧

⑥ 单击修剪到图素 按钮，鼠标左键分别单击 A 和 B 两个点的位置，如图 10-11 所示。对两个圆弧进行修剪，再单击 B 点和 C 点，对 R20 圆弧和直线进行修剪，结果如图 10-12 所示。

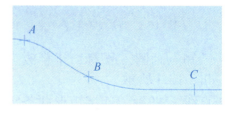

图 10-11　单击位置　　　　　　　　　　　图 10-12　修剪结果

⑦ 单击直线按钮，绘图区输入（-40，0），回车，修改参数如图 10-13 所示。绘图区单击鼠标左键确认，单击 图标。结果如图 10-14 所示。

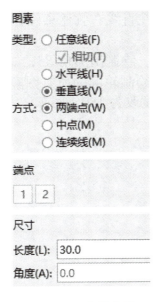

图 10-13　直线参数

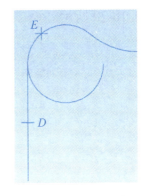

图 10-14　绘制直线结果

⑧ 单击修剪到图素 按钮，鼠标左键分别单击 D 和 E 两个点的位置，修剪多余曲线。

⑨ 单击任意线 按钮，第一点为原点，第二点为 Y 轴正向直线中点，连接出一条直线，如图 10-15 所示。

⑩ 单击补正 按钮，距离改为 15，鼠标左键单击刚绘制的直线，单击直线右侧任意位置，生成等距直线，如图 10-16 所示。删除原直线。

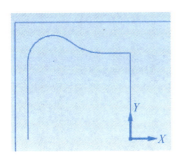

图 10-15　绘制直线

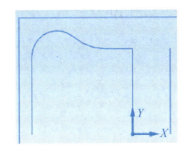

图 10-16　补正直线

⑪ 单击倒圆角 按钮，半径改为 3，回车。依次单击 A 和 B 两条直线。出现圆角 R3，如图 10-17 所示。

⑫ 依据直线绘制方法，在 B 直线端点处与右侧直线中点处绘制一条直线 C，如图 10-18 所示。单击补正按钮，距离改为 22，绘制直线 D。单击倒圆角按钮，半径改为 6，依次单击直线 B 和 D，绘制圆角 R6。删除直线 C。

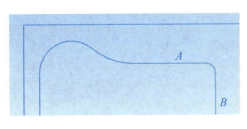

图 10-17　绘制圆角

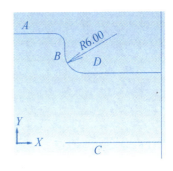

图 10-18　绘制圆角 R6

⑬ 单击补正按钮，距离改为80，单击最左侧的直线，在直线右侧任意位置单击鼠标左键，绘制出直线，如图10-19所示。

⑭ 单击倒圆角按钮，半径改为5，依次单击直线 D 和 E，绘制出圆角 R5，如图10-19所示。

⑮ 单击"转换"标题栏，单击旋转 按钮，框选之前绘制轮廓的所有图素，单击 按钮，系统默认会把旋转中心放在原点，不需要更改，角度改为180，回车。完成二维轮廓的绘制。结果如图10-20所示。

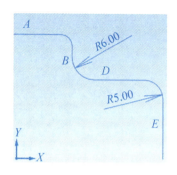

图 10-19　绘制圆角 R5

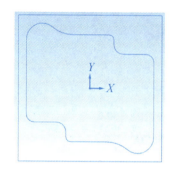

图 10-20　轮廓绘制完成

⑯ 单击鼠标右键，选择"等视图"，把显示方向改为三维模型显示，便于观察实体。

⑰ 单击"实体"标题栏，单击拉伸 按钮，出现"串连选项"对话框，鼠标单击 90×90 的正方形线框中的任意一条直线，系统会自动选择相连的全部4条直线，如图10-21所示。单击确定按钮。

⑱ 在出现的"实体拉伸"对话框中，修改距离为24。单击反向 按钮，会看到实体从所在平面向下拉伸，如图10-22所示。单击 按钮。

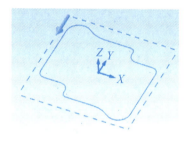

图 10-21　串连选择直线

图 10-22　拉伸结果

⑲ 继续单击内侧的闭环轮廓，如图10-23所示。单击√按钮，退出选择对话框。

⑳ 在"实体拉伸"对话框里，距离改为6，回车，单击反向按钮，实体造型出现，如图10-24所示。

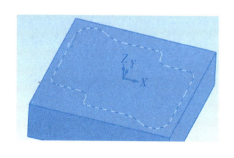

图 10-23　串连选择直线

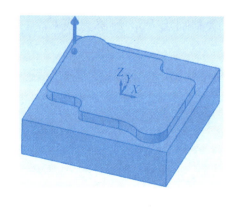

图 10-24　拉伸结果

㉑ 单击绘图区下方的 Z 坐标 Z: 0.00000，把 0 改为 6，Z: 6.00000，回车。此时绘图位置已改为实体顶面。把 3D 改为 2D。

㉒ 鼠标右键单击"俯视图"，方便绘图。

㉓ 单击已知点画圆按钮，修改直径为 24，回车，鼠标单击坐标原点，绘制 φ24 的圆，如图 10-25 所示。单击 按钮。

㉔ 修改半径为 7，回车。输入（-25，0），回车，单击 按钮，如图 10-25 所示。

㉕ 修改半径为 7，回车。输入（25，0），回车，单击 按钮，如图 10-25 所示。

㉖ 单击任意线按钮，参数修改如图 10-26 所示。鼠标分别在两个圆的适当位置单击鼠标左键，确定直线与圆弧的相切点。同样方法绘制其他 3 条相切直线，如图 10-27 所示。

㉗ 单击修剪打断延伸按钮，方式选择"修剪单一物体"，鼠标单击曲线的 A 和 B 部位，再单击曲线的 A 和 C 部位，完成图形左侧的修剪。依据此方法，依次单击曲线的 E 和 D 部位，曲线的 E 和 F 部位，完成图形右侧的修剪。接着完成中间圆弧的修剪。结果如图 10-28 所示。

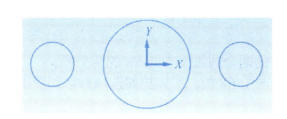

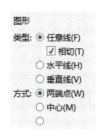

图 10-25　绘制圆　　　　　　　　　　图 10-26　切线参数设置

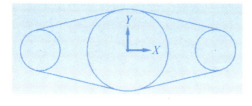

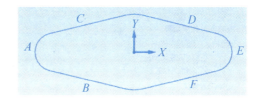

图 10-27　绘制切线　　　　　　　　　图 10-28　修剪曲线

㉘ 单击拉伸按钮，选择绘制的轮廓，类型改为"切割主体"，距离改为 8，回车，单击 按钮。结果如图 10-29 所示。

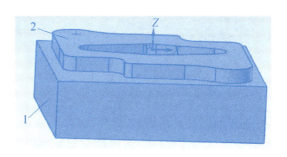

图 10-29　拉伸实体　　　　　　　　　图 10-30　选择实体

㉙ 合并两个实体。

a. 单击"实体"按钮，选择"布尔运算"按钮，鼠标单击实体 1，如图 10-30 所示，弹出如图 10-31 所示的对话框，鼠标继续单击实体 2，单击对话框中的确认按钮；

b. 弹出布尔运算对话框，参数如图 10-32 所示，单击确认按钮。

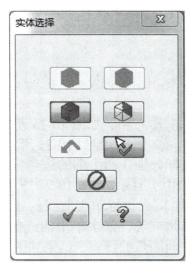

图 10-31 实体选择对话框

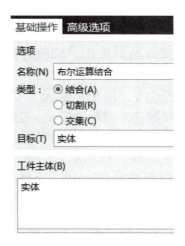

图 10-32 布尔运算结合

㉚ 绘制 φ16 的两个孔。

a. 单击"已知点画圆"按钮，选择 R10 的两个圆弧圆心画 R8 的两个圆；

b. 单击"实体"——"拉伸"按钮，选择两个 R8 圆，实体拉伸选项参数如图 10-33 所示修改，单击确认按钮。

㉛ 画出加工外轮廓的边界线。单击矩形按钮，宽度和高度均改为 110，单击确认按钮。如图 10-34 所示。

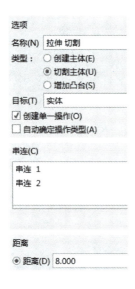

图 10-33 切割主体

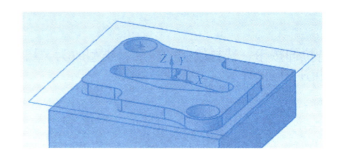

图 10-34 设置坐标原点

10.7.2 生成粗加工刀具轨迹

粗加工外轮廓

（1）生成粗加工外轮廓刀具轨迹

① 把坐标系原点设在毛坯的顶面中心；

② 鼠标单击绘图区底部，把 2D 改为 3D；

③ 单击"转换"菜单栏，单击移动到原点按钮，移动鼠标到 R24 圆弧处，当鼠标指针变为⊙时，单击鼠标左键，选中圆弧圆心为新的坐标原点；

④ 单击"机床"菜单栏，单击"铣床"，在下拉列表中找到相应的数控系统配置文件，单击，就会出现"刀路"菜单栏；

⑤ 在"刀路"菜单栏中单击外形 ■ 按钮,"刀具路径类型"选 2D 挖槽;
⑥ 单击内外两条轮廓曲线,系统会自动选择,如果出现的拾取方向(绿色箭头)不是图 10-35 所示方向,需要单击"反向" ⟷ 按钮更改,单击确定按钮退出;
⑦ 在出现的外形铣削对话框中,单击左侧的刀具选项,如图 10-36 所示,在空白区域单击鼠标右键,选择"创建刀具";

图 10-35　外形串连方向

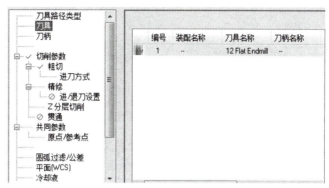

图 10-36　创建刀具

⑧ 刀具类型选"平底刀",单击下一步,刀齿直径改为 12,进给速度为 780,主轴转速为 2600,下刀速率为 80,单击完成。
⑨ 单击左侧"切削参数"标签,调整预留量参数,如图 10-37 所示。加工方法为顺铣,挖槽方法为标准,如图 10-38 所示;

图 10-37　调整参数　　　　　　　　　　图 10-38　调整参数

⑩ 单击左侧"粗切"标签,如图 10-39 所示调整参数;
⑪ 单击左侧"进刀方式"标签,选"螺旋",勾选"沿着边界斜插下刀",如图 10-40 所示;

图 10-39　粗切设置　　　　　　　　　　图 10-40　进刀方式

⑫ 单击左侧"精修"标签,不勾选"精修";
⑬ 单击左侧"Z 分层切削"标签,勾选"深度分层切削",如图 10-41 所示修改参数;
⑭ 单击左侧"共同参数"标签,如图 10-42 所示修改参数;
⑮ 单击"确认"按钮,生成刀具轨迹,如图 10-43 所示;
⑯ 鼠标单击刀轨名称(1-2D 挖槽),名称前会出现 √,此时单击上方 ≈ 按钮,如图 10-44 所示,可以隐藏刀具轨迹。

图 10-41　Z 分层切削参数　　　　　　　　图 10-42　共同参数

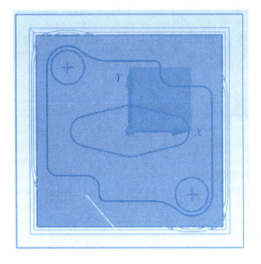
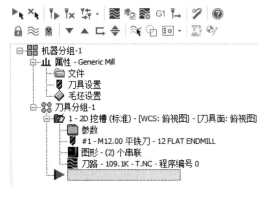

图 10-43　刀具轨迹　　　　　　　　　　　图 10-44　隐藏刀具轨迹

（2）生成粗加工菱形凹腔刀具轨迹

① 单击"刀路"—区域 按钮，单击加工范围中的箭头按钮，如图 10-45 所示。选择凹腔边界，如图 10-46 所示，单击确定按钮，退出线框串连对话框，再次单击确定按钮，退出串连选项；

孔粗加工

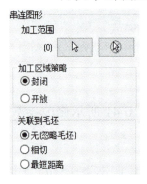
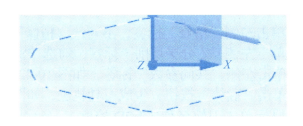

图 10-45　串连选项　　　　　　　　　　　图 10-46　串连选择凹腔边界

② 单击"刀路类型"标签,选择"区域"方式;
③ 单击"切削参数"标签,壁边预留量为0.4,底面预留量为0.2;XY步进量,最大和最小均改为3;
④ 单击"Z分层切削"标签,勾选"深度分层切削"最大粗切步进量为2;
⑤ 单击"进刀方式"标签,参数调整如图10-47所示;
⑥ 单击"共同参数"标签,参数调整如图10-48所示;

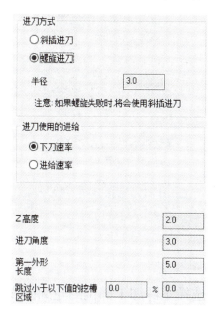

图10-47 进刀方式参数

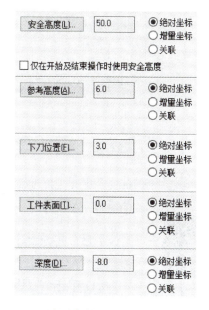

图10-48 共同参数调整

⑦ 单击确定按钮,刀具轨迹如图10-49所示。

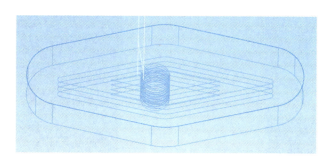

图10-49 粗加工凹腔刀具轨迹

(3)生成打孔程序
① 单击"刀路"——"钻孔" 按钮,出现"刀路孔定义对话框";
② 依次点选两个 $\phi16$ 的孔中心,单击确定按钮,出现孔参数对话框;
③ 刀路类型选"钻孔";
④ 单击"刀具"标签,右侧空白处单击鼠标右键,选择"创建刀具",类型选中心钻,标准尺寸选2.5,单击完成;
⑤ 进给速率改为400,主轴转速改为3000;
⑥ 单击"切削参数"标签,循环方式选"钻头/沉头钻";
⑦ 单击"共同参数"标签,如图10-50所示,单击确定按钮;
⑧ 再次单击钻孔按钮,选择两个 $\phi16$ 的孔中心,单击确定按钮;
⑨ 创建钻头,选择 $\phi15mm$ 的钻头,刀尖角为118°,单击完成按钮,进给速度为100,主轴

转速为 900；

⑩ 单击"共同参数"标签，参数修改如图 10-51 所示，刀具轨迹如图 10-52 所示。

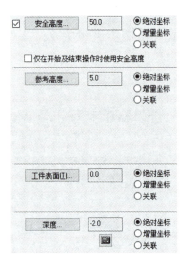

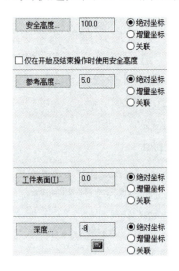

图 10-50　中心孔共同参数　　　　　　　　图 10-51　钻孔共同参数

半精加工外轮廓、菱形凹腔及孔

10.7.3　生成半精加工刀具轨迹

（1）生成半精加工外轮廓刀具轨迹

① 单击"刀路"——"外形"按钮，选择零件加工部位的轮廓曲线，曲线拾取方向箭头如图 10-53 所示，单击确定按钮；

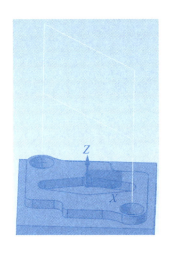

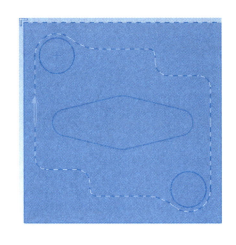

图 10-52　打孔刀具轨迹　　　　　　　　图 10-53　拾取半精加工轮廓

② 进入外形铣削参数对话框后，刀路类型选"外形铣削"；
③ 单击刀具选项，依照前面所讲方法，创建一把 $\phi 10mm$ 立铣刀；
④ 修改右侧的"进给速率"为 700，"主轴转速"为 2500，"下刀速率"为 800；
⑤ 单击"切削参数"标签，确认补正方向 [左 ∨]，外形铣削方式为 2D，侧壁预留量为 0.2，底壁预留量为 0.1；
⑥ 单击"Z 分层切削"标签，勾选"深度分层切削"，最大粗切步进量为 2；
⑦ 单击"进 / 退刀设置"，进刀参数如图 10-54 所示修改，退刀设置同进刀；
⑧ 单击"共同参数"，参数设置如图 10-55 所示；

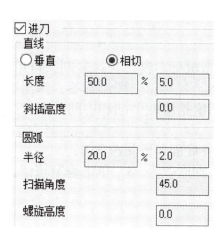

图 10-54 进刀设置

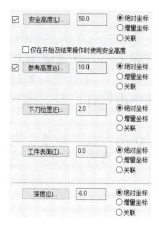

图 10-55 共同参数设置

⑨ 单击确定按钮，生成刀具轨迹，如图 10-56 所示；
⑩ 单击轨迹名称，再单击 ≋ 按钮，隐藏刀具轨迹。

（2）生成菱形凹腔及两个孔的半精加工刀具轨迹
① 单击"刀路"——"外形"按钮，选择菱形凹腔轮廓及两个孔边界，单击确定；
② 单击进/退刀设置，进刀参数如图 10-57 所示修改，退刀设置同进刀；

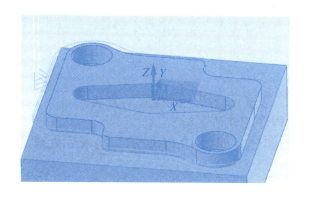

图 10-56 生成半精加工轨迹

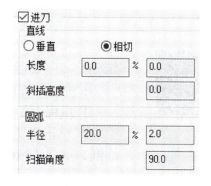

图 10-57 进刀设置

③ 单击"共同参数"标签，把"深度"改为 -8，单击确定按钮，生成如图 10-58 所示的刀具轨迹。

10.7.4 生成精加工刀具轨迹

（1）凸台底面和轮廓的精加工刀具轨迹
① 单击 1 - 2D 挖槽 (标准) - [WCS: 俯视图] 刀路名称，单击鼠标右键，选择复制，再单击鼠标右键，选择粘贴，在最下方会出现 7 - 2D 挖槽 (标准) - [WCS: 俯视图]；
② 单击"参数"标签，单击"刀具"标签，选择 2 号刀为 ϕ10mm 立铣刀；
③ 单击"切削参数"标签，把壁边预留量改为 7，底面预留量改为 0（此处的底面预留量应在实际加工中通过测量得到具体值，而不是直接改为 0）；
④ 单击"粗切"标签，把"切削间距"改为 3；

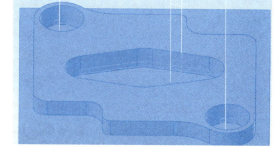

图 10-58 菱形凹腔半精加工刀具轨迹

⑤ 单击"进刀方式"标签，把"进刀角度"改为 5；
⑥ 单击"Z 分层切削"标签，去掉"深度分层切削"前的√，单击确定按钮，刀具轨迹如图 10-59 所示。

（2）生成菱形凹腔及孔底面和轮廓精加工轨迹

① 单击刀路名称 7 - 2D 挖槽 (标准) - [WCS: 俯视图]，单击鼠标右键，选择复制，再单击鼠标右键，选择粘贴，在最下方会出现 8 - 2D 挖槽 (标准) - [WCS: 俯视图]，鼠标单击图形标签，弹出串连管理对话框，在空白处单击鼠标右键，选择全部重新串连，依次拾取两个圆和中间的凹腔边界线，单击确定按钮；

② 单击"切削参数"标签，把壁边预留量改为 0，底面预留量改为 0；

③ 单击"共同参数"标签，把工件表面改为 -5，深度改为 -8，单击确定按钮，刀具轨迹如图 10-60 所示。

图 10-59 外轮廓精加工刀具轨迹

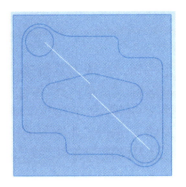
图 10-60 菱形凹腔及孔精加工轨迹

生成加工程序
模拟仿真

10.7.5 生成加工程序

生成加工程序的方法都相同，这里只介绍生成程序的方法。

① 鼠标左键单击一个要生成程序的轨迹名称；

② 单击上方工具条中红圈的图标，如图 10-61 所示，出现后处理程序对话框，如图 10-62 所示；

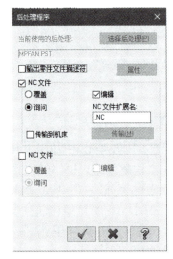

图 10-61 后处理　　　　　图 10-62 后处理程序

③ 如果需要对程序进行修改，则保留 ☑编辑，如果不需要修改程序，则去掉此√，单击确定按钮；

④弹出另存为对话框，选择要保存的路径，修改文件名，单击保存，程序如图10-63所示。

10.7.6 模拟仿真

①鼠标左键单击一个要生成程序的轨迹名称；
②单击上方工具条中红圈的图标，如图10-64所示，进入验证界面；

```
%
O0000
N100 G21
N110 G0 G17 G40 G49 G80 G90
N120 T2 M6
N130 G0 G90 G54 X13.356 Y1.971 A0. S4000 M3
N140 G43 H2 Z50.
N150 Z5.
N160 G1 Z-2. F800.
N170 G3 X13.41 Y2.433 I-1.946 J.462 F1800.
N180 X11.872 Y4.379 I-2. J0.
N190 G1 X1.615 Y6.811
N200 G3 X0. Y7. I-1.615 J-6.811
```

图 10-63　生成加工程序　　　　　　　图 10-64　验证操作按钮

③拖动进度块（如图10-65所示）可以调整仿真的速度；
④速度调整好后，就可以单击播放键开始模拟仿真。

在仿真过程中，可以随时旋转显示界面，方便观看刀具切削位置，如果发现加工过程有撞刀或不合适的参数，可以关闭该窗口，返回到加工环境修改参数，直到加工过程没有问题为止。如图10-66所示为模拟结果。

图 10-65　进度块　　　　　　　　　　图 10-66　模拟结果

【零件加工】

加工操作同前面任务，不再赘述。

知识拓展

——手工编程（固定循环指令）

一、孔加工固定循环指令

孔加工是数控加工中最常见的加工工序，在数控加工中，某些孔加工动作的循环已经典型化，例如钻孔、镗孔的动作是孔的平面定位、快速引进、工作进给、快速退回等，这样一系列典型的加工动作已经预先编好程序，存储在内存中，可用包含G代码的一个程序段调用，从而简化编程工作。这种包含了典型动作循环的G代码称为循环指令。孔加工固定循环指令如表10-3所示。

表 10-3 孔加工固定循环及动作一览表

G 代码	加工动作（-Z 方向）	孔底动作	退刀动作（+Z 方向）	用途
G73	间歇进给	—	快速进给	高速深孔往复排屑钻
G74	切削进给	暂停、主轴正转	切削进给	攻左旋螺纹
G76	切削进给	主轴准停	快速进给	精镗
G80	—			取消固定循环
G81	切削进给	—	快速进给	钻孔
G82	切削进给	暂停	快速进给	钻、镗阶梯孔
G83	间歇进给	—	快速进给	深孔排屑钻
G84	切削进给	暂停、主轴反转	切削进给	攻右旋螺纹
G85	切削进给	—	切削进给	镗孔
G86	切削进给	主轴停	快速进给	镗孔
G87	切削进给	主轴正转	快速进给	反镗孔
G88	切削进给	暂停、主轴停	手动	镗孔
G89	切削进给	暂停	切削进给	镗孔

1. 固定循环的动作组成

孔加工固定循环指令有 G73、G74、G76、G80～G89，通常由下述六个动作构成，如图 10-67 所示。

动作 1：快速移动到指定位置；

动作 2：沿 Z 轴，快速移动到点 R（参考点）；

动作 3：切削加工；

动作 4：孔底的动作（暂停、主轴停、主轴反转等）；

动作 5：返回到 R 点（快速返回和切削进给返回）；

动作 6：快速返回到初始点。

固定循环的数据表达形式可以用绝对坐标（G90）和相对坐标（G91）表示，如图 10-68 所示，实线表示切削进给，虚线表示快速进给，图 10-67 表示采用 G90 方式，图 10-68 表示采用 G91 方式。

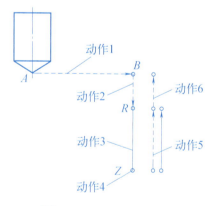

图 10-67 固定循环动作

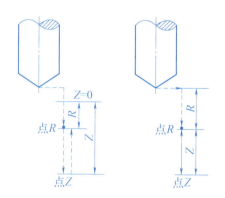

图 10-68 固定循环的数据形式

2. 固定循环的指令格式

固定循环程序的指令格式包括数据形式、返回点平面、孔加工方式、孔位置数据、孔加工数据和循环次数。数据形式（G90 或 G91）在程序开始时就已指定，因此，在固定循环程序格式中可不注出。固定循环的指令格式如下：

G98/G99 G__ X__ Y__ Z__ R__ Q__ P__ I__ J__ K__ F__ L__;

其中：

G98/G99——返回点平面 G 代码，G98 为返回初始平面指令，G99 为返回点 R 平面指令；

G——孔加工方式，即固定循环代码 G73、G74、G76 和 G81～G89 中的任何一个；

X、Y——孔位数据，指被加工孔中心的坐标；

Z——R 点到孔底的距离（G91 时）或孔底坐标（G90 时）；

R——初始点到点 R 的距离（G91 时）或点 R 的坐标值（G90 时）；

Q——指定每次进给深度；

K——指定每次退刀的（G73 或 G83 时）刀具位移增量，K＞0；

I、J——指定刀尖向反方向的移动量（分别在 X、Y 轴上）；

P——指定刀具在孔底的暂停时间；

F——切削进给速度；

L——指定固定循环的次数。

说明：

① G73、G74、G76 和 G81～G89、Z、R、P、F、Q、I、J、K 是模态指令，一旦指定，一直有效，直到出现其他工加工固定循环指令或固定循环取消指令 G80，或 G01～G03 等插补指令才失效。因此，多个工件加工时，该指令只需指定一次，以后的程序段只给孔的位置即可。

② 在使用固定循环编程时，一定要在前面的程序段中指定 M03 或 M04，使主轴启动。

③ 在固定循环中，刀具半径补偿（G41、G42）无效，刀具长度补偿（G43、G44）有效。

二、孔加工类固定循环指令介绍

1. 钻孔循环 G81

G81 指令用于正常的钻孔，切削进给执行到孔底，然后刀具从孔底快速移动退回，循环动作如图 10-69（a）所示。

指令格式为：

G81 X_ Y_ Z_ R_ F_ ；

图 10-69 G81 与 G82 动作图

2. 钻孔循环 G82

G82 动作类似于 G81，只是在孔底增加了进给后的暂停动作。因此，在盲孔加工中，可减小孔底表面粗糙度。该指令常用于引正孔加工、锪孔加工，循环动作如图 10-69（b）所示。

指令格式为：

G82 X_ Y_ Z_ R_ F_ ；

3. 高速深孔往复排屑钻削循环 G73

G73 固定循环用于 Z 轴的间歇进给，有利于断屑，适用于深孔加工，减少退刀量，提高加工效率。

指令格式为：

G73 X_ Y_ Z_ R_ Q_ F_ ；

其中 $Q(q)$ 为每次切削进给的深度，d 为每次的退刀量，使在钻深孔的过程中间歇进给时便于排屑，退刀时以快速进给进行。循环动作如图 10-70（a）所示。

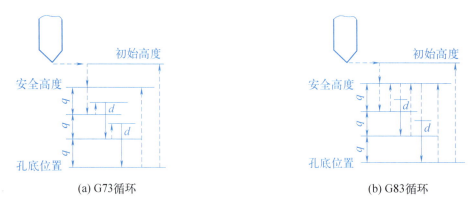

图 10-70 G73 与 G83 动作图

4. 深孔排屑循环 G83

G83 指令同样通过 Z 轴方向的间歇进给来实现断屑与排屑的目的,但与 G73 指令不同的是,刀具间歇进给后快速回退到 R 点,再 Z 向快速进给到上次切削孔底平面上方距离为 d 的高度处,从该点处,快进变成工进,工进距离为 Q+d。d 值由机床系统指定,无须用户指定。Q 值指定每次进给的实际切削深度,Q 值越小所需的进给次数就越多,Q 值越大则所需的进给次数就越少。

指令格式为:

G83 X_Y_Z_R_Q_F_;

其中,Q 为每次切削进给的深度。循环动作如图 10-70(b)所示。

5. 左旋螺纹攻螺纹循环 G74

指令格式为:

G74 X_Y_Z_R_P_F_;

其中,P 为暂停时间。

G74 循环用于加工左旋螺纹,执行该循环时,主轴反转,刀具按每转进给量进给,在 XOY 平面快速定位后快速移动到 R 点,执行攻螺纹到达孔底后,主轴正转退回到 R 点,主轴恢复反转,完成攻螺纹动作,循环动作如图 10-71(a)所示。

6. 右旋螺纹攻螺纹循环 G84

G84 动作与 G74 基本类似,只是 G84 用于加工右旋螺纹。执行该循环时,主轴正转,在 G17 平面快速定位后快速移动到 R 点,执行攻螺纹到达孔底后,主轴反转退回到 R 点,主轴恢复正转,完成攻螺纹动作,循环动作如图 10-71(b)所示。

攻螺纹时的进给率根据不同的进给模式指定。当采用分进给模式时,进给速度=导程×转速。当采用转进给模式时,进给量=导程。在 G74 与 G84 攻螺纹期间,进给倍率、进给保持均被忽略。

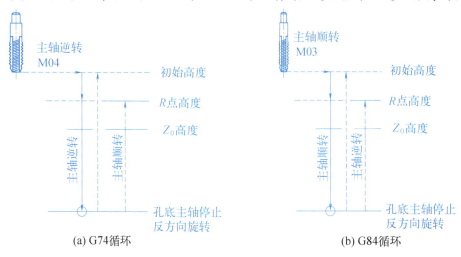

图 10-71 G74 与 G84 动作图

7. 精密镗孔循环 G76

精镗时，主轴正转，并进行快进和工进镗孔。刀尖在到达孔底时，进给暂停、主轴定向停并向刀尖反方向移动，然后快速退刀。刀尖反向位移量用地址 Q 指定，其值只能为正值，循环动作如图 10-72 所示。

指令格式为：
G76 X_ Y_ Z_ R_ Q_ P_ F_；
其中，Q 为让刀位移量；P 为孔底停留时间。

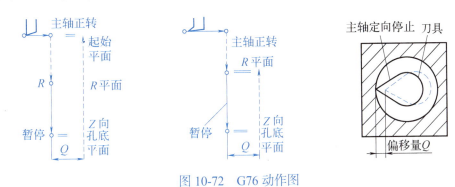

图 10-72　G76 动作图

8. 镗孔循环 G85

执行 G85 指令时，首先在 XY 平面定位。然后刀具以快速运动到 R 点，接着用进给速度进行镗孔（从 R 点到 Z 点）。刀尖达到 Z 点时，以进给速度返回，循环动作如图 10-73 所示。

指令格式为：
G85 X_ Y_ Z_ R_ F_；

9. 镗孔循环 G86

G86 指令与 G85 相同，区别之处在于刀尖到达孔底时，主轴停止转动，然后快速退回。到达位置后，主轴正向转动，循环动作如图 10-74 所示。

指令格式为：
G86 X_ Y_ Z_ R_ F_；

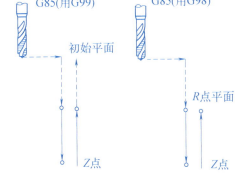

图 10-73　G85 动作图

图 10-74　G86 动作图

10. 背镗循环（G87）

这个固定循环指令可实现背镗，即反向镗削。刀具沿 XOY 平面定位后，主轴准确停止。机床以与刀尖相同方向移动一个 Q 值（刀尖离开孔表面一个偏移量），然后快速移到孔底（R 点指定值），机床再以刀尖相反方向移回一个 Q 值（偏移量），此时刀具又回到原来定位的孔轴线处，主轴正转，沿 Z 轴向上进给加工到 Z 点，在此位置主轴再次执行准确停止，机床再次移动一个 Q 值（刀尖脱离孔表面），主轴以快速运动方式返回到初始平面后，机床再移回一个 Q 值，与原来定位的孔轴线重合，主轴再启动正转，准备执行下一个程序。这一功能非常适合在同一轴线上加工孔口上小下大时使用，循环动作如

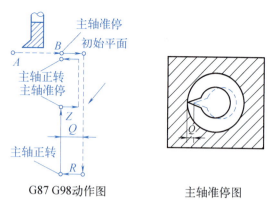

图 10-75　G87 动作图

图 10-75 所示。

G98 G87 X_Y_Z_R_Q_F_；

采用 G87 方式时，只能让刀具返回到初始平面，不能回到 R 点平面，因 R 点低于 Z 点，也就是说只能采用 G98；孔底的移动距离由孔加工参数 Q 给定，Q 始终应为正值，移动方向由机床内部参数决定；装镗孔刀之前主轴要处于定向停止的状态（M19），装镗孔刀时要确定好刀尖的朝向，刀尖的朝向与机床的偏移方向一致。

11. 镗孔循环 G88

执行该指令时，首先在 XOY 平面定位。然后刀具以快速运动到 R 点，接着用进给速度镗孔。完成后，进行暂停 P 所指定的时间，主轴停转。最后以手动方式返回到 R 点（G99），在 R 点主轴正转。如果使用指令 G98，则从 R 点开始以快速返回到初始平面，循环动作如图 10-76 所示。

指令格式为：

G88 X_Y_Z_R_P_F_；

图 10-76　G88 动作图

12. 镗孔循环 G89

该指令与 G85 类似，所不同的是，镗削完成后，在孔底暂停 P 所指定的时间。该指令以进给速度返回到 R 点（G99），如果使用指令 G98，则继续以快速返回到初始平面，循环动作如图 10-77 所示。

指令格式为：

G89 X_Y_Z_R_P_F_；

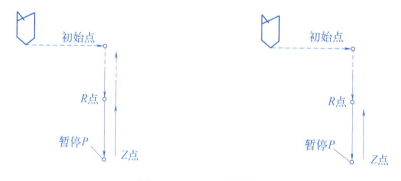

图 10-77　G89 动作图

13. 取消固定循环指令 G80

所有固定循环被取消，R 点、Z 点以及其他钻削数据也被清除，从而执行常规操作。

指令格式为：

G80；

三、固定循环中重复次数的使用

在固定循环指令的最后，用 K 规定重复加工次数（1～6）。如果不指定 K，则只进行一次循环。K=0 时，孔加工数据存入，机床不动作。在增量方式（G91）时，如果有孔距相同的若干相同孔，采用重复次数来编程是很方便的，在编程时要采用 G91、G99 方式。当指令为 G91 G81 X50.0 Z-20.0 R-10.0 K6 F200; 时，其运动轨迹如图 10-78 所示。如果是在绝对值方式中，则不能钻出 6 个孔，仅仅在第一个孔处往复钻 6 次，结果是 1 个孔。

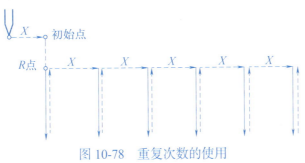

图 10-78　重复次数的使用

拓展训练

完成图 10-79 所示零件的加工。

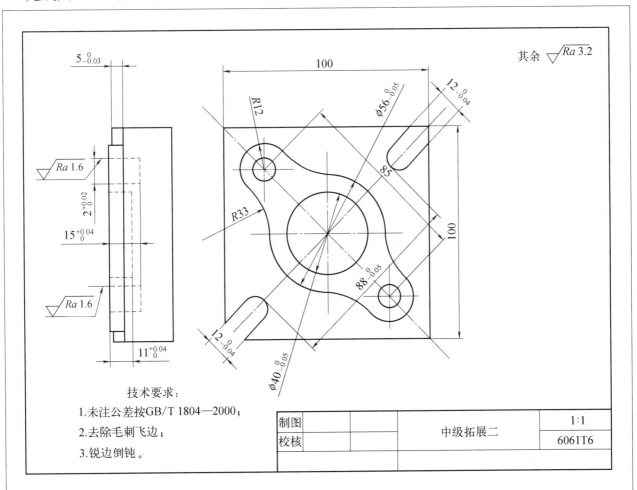

图 10-79　零件图

任务十一 配合件铣削加工

任务目标

【知识目标】
1. 掌握配合件的工艺分析方法。
2. 熟练掌握软件编程的一般步骤及操作方法。
3. 掌握宏程序的指令格式及应用。

【能力目标】
1. 能完整掌握加工零件的工艺分析方法。
2. 能合理选用刀具参数和编程方法。
3. 能正确设定工件坐标原点。
4. 能合理运用参数方程编制平面类非圆曲线轮廓的加工程序。
5. 能合理利用现有知识独自完成加工任务。

【思政与素质目标】
1. 落实党的二十大精神和社会主义核心价值观教育，促进学生德技并修。
2. 弘扬精益求精的专业精神、职业精神、工匠精神和劳模精神。

任务实施

【任务内容】

现有毛坯为 100mm×80mm×43mm 的铝合金材料，试铣削如图 11-1、图 11-2 所示的工件，确保尺寸和粗糙度要求。

【工艺分析】

11.1 零件图分析

零件图中，首先分析尺寸。毛坯尺寸 100×80 为给定尺寸，毛坯高度方向有余量，需保证公差。有公差的尺寸较多，在加工时要逐个保证。两个孔尺寸精度和表面粗糙度要求较高，实际加工时应选用铰刀加工。图中公差等级均在 IT7～IT8 之间，采用数控铣床配合相应刀具加工完全可以达到公差要求。

毛坯材料为铝合金材料，比较适合切削加工，刀具应选择铝切削专用刀具。切削参数选择时也要适应铝合金材料。

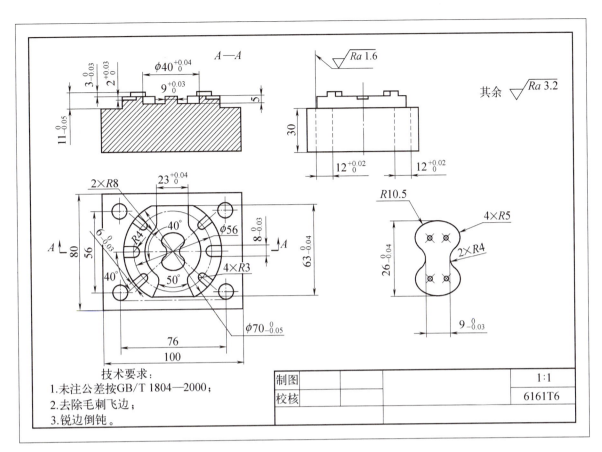

图 11-1 配合件加工（一）

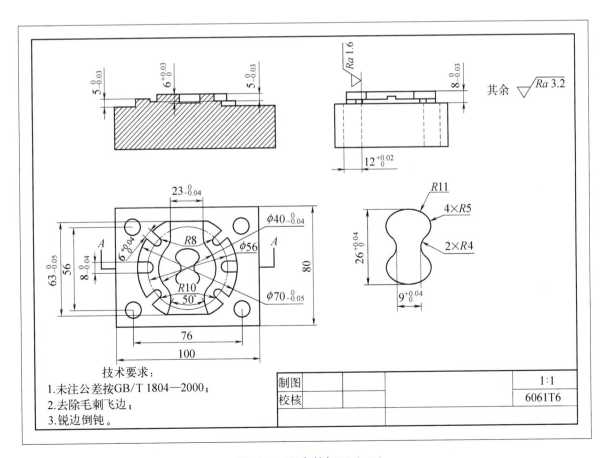

图 11-2 配合件加工（二）

图纸尺寸中的长度尺寸均为对称尺寸标注,而高度尺寸是以毛坯顶面为基准进行标注的。尺寸的标注方法会影响到后续工艺基准的选择和工件坐标原点的设置。

技术要求中明确要去除毛刺飞边,锐边倒钝,在加工后要使用刮削器去除毛刺,并使用平锉和圆锉对零件四周和孔倒角,以满足图纸要求。

11.2 机床及夹具选择

根据零件轮廓特点,普通铣床无法完成所有工序的加工,故选用加工中心加工以满足图纸要求的精度。加工中心机床有刀库,可以解决使用多把刀具加工的换刀问题。

根据图纸中零件的外形结构分析,毛坯为 100×80 的正方形,高度只有 41mm,深度较浅。只有一个面需要加工,不需要工件调面,所以可采用通用夹具平口钳装夹工件。

由于零件 4 个角有通孔需要加工,在工件底部加垫铁时要避开孔位。

11.3 工件坐标原点的确定

从零件图分析可知,图纸尺寸中的长度尺寸均为对称尺寸,根据工艺知识可知,设计基准应为零件中心,即在 XY 平面内的设计基准在毛坯的中心处。在零件高度方向,标注的起始位置为毛坯顶面,即 Z 方向的设计基准为毛坯顶面。为保证加工轮廓与毛坯轮廓的位置,采用基准重合的原则,工件坐标系原点应和设计基准重合,也设置在毛坯的中心,即毛坯顶面的中心设置为工件坐标系原点(如图 11-3 所示),方便后续的编程和机床操作对刀。

11.4 进、退刀路线的确定

为了使加工表面达到图纸要求,刀具在切入切出工件时选用切线切入、切线切出的方式。在软件中的进退刀方式选择时使用圆弧切入和切出,保证工件表面质量,如图 11-4 所示。

图 11-3 工件坐标原点位置

图 11-4 刀具进退刀路线

11.5 切削用量的确定

图纸说明加工用的毛坯材料为铝合金,刀具材料选择专切铝材的整体硬质合金,需要加工的深度最深处为 6mm,根据内外轮廓的不同确定切削参数见表 11-1。

表 11-1 切削用量

加工部位	工序名称	背吃刀量 a_p/mm	侧吃刀量 a_e/mm	切削速度 v_c/(m/min)	进给速度 F/(mm/min)
内外轮廓	粗加工	4	2	70	400
	半精加工	4	0.2	80	500
	精加工	4	0.1	80	500
$\phi 12$ 的孔	粗加工	24	5.99	40	50
	精加工	24	0.1	6	50

主轴转速可以由计算 v_c 的计算公式推导而来,见式(11-1)。由此可计算出主轴转速的值。

$$v_c = \frac{\pi D n}{1000} \rightarrow n = \frac{1000 v_c}{\pi D} \tag{11-1}$$

【编写技术文件】

11.6 工序划分

这里按照工序集中原则确定工序内容,按刀具划分工序。按照图纸的精度要求,把工序划分为粗加工、半精加工和精加工三个阶段,见表 11-2。

在加工长度为 23 的凹腔时,刀具已经把中间的宽度为 26mm 的凸台加工了,所以粗加工时不用单独安排此工序。

表 11-2 工序划分

序号	工序	加工内容
1	粗加工	毛坯底面光刀
	精加工	工件调面,保高度尺寸
2	粗加工	1 个 $\phi 70$、4 个 6mm 宽凸台
		2 个 8mm 宽凹槽,长度 23mm 凹槽
		4 个 $\phi 12$ 的孔
	半精加工	1 个 $\phi 70$、4 个 6mm 宽、2 个 8mm 宽凸台
		长度 23mm 凹槽
		26mm 宽凸台
	精加工	精加工轮廓,保公差
		长度 23mm 凹槽
		26mm 宽凸台
		精 $\phi 12$ 孔至尺寸

11.7 刀具选择

由工序划分可知,需要加工的主要内容是二维轮廓和孔,尺寸精度和深度适中,为提高加工效率,选择硬质合金刀具加工。

由于中间的 26mm 宽的凸台周围空间的限制,半精加工和精加工时选用了更小的 6mm 刀具。选择方案见表 11-3。

表 11-3 刀具选择方案

刀具名称	刀具号	工序	规格	加工内容
盘刀	1	粗精加工	$\phi50$	粗加工毛坯高度到尺寸
立铣刀	2	粗加工	$\phi10$	1 个 $\phi70$ 凸台、4 个 6mm 宽凸台
			$\phi8$	长度 23mm 凹腔
			$\phi6$	2 个 8mm 宽凹槽
中心钻	4	粗加工	A3	点窝
麻花钻	5	粗加工	$\phi11.8$	打底孔
立铣刀	6	半精加工	$\phi10$	1 个 $\phi70$、4 个 6mm 宽凸台
	7		$\phi6$	长度 23mm 凹腔，26mm 宽凸台，2 个 8mm 宽凹槽
	6	精加工	$\phi10$	1 个 $\phi70$ 凸台、4 个 6mm 宽凸台
	7		$\phi6$	长度 23mm 凹腔，26mm 宽凸台，2 个 8mm 宽凹槽
铰刀	8	铰孔	$\phi12H7$	$\phi12$ 孔打孔到尺寸

【零件 CAM 程序编制】

具体内容扫二维码学习。

零件 CAM 程序编制

【零件加工】

加工操作同前面任务，不再赘述。

知识拓展

——手工编程（宏程序）

在数控编程中，宏程序编程灵活、高效、快捷。宏程序不仅能像子程序一样对编制重复性操作的程序非常有用，还可以完成子程序无法实现的特殊功能，例如，型腔加工宏程序、固定加工循环宏程序、球面加工宏程序、锥面加工宏程序等。

一、用户宏程序

1. 宏程序的概念

将能完成某一功能的一系列指令如同子程序一样存入存储器，用一个总指令来调用指令，使用时只需给出该指令，就能执行其功能。总指令称为宏指令，存入存储器的一系列指令称为用户宏程序。

使用时，操作人员只需会使用用户宏指令即可，而不必去理会宏程序的主体。用户宏的特征有以下几个方面：

① 可以在用户宏程序中使用变量；
② 可以进行变量之间的运算；
③ 可以用用户宏指令对变量进行赋值。

使用用户宏的方便之处在于可以用变量代替具体数值，因此，在加工同一类的零件时，只需将实际的数值赋予变量即可，而不需要对每一个零件都编程。

用户宏程序分为 A、B 两类。通常情况下，FANUC 0T 系统采用 A 类宏程序，FANUC 0i 系统使用 B 类宏程序。

2. 变量

宏程序与普通程序相比较，普通程序的程序字为常量，一个程序只能描述一个几何形状，缺乏适应性；而在使用宏程序主体中，可以使用变量进行编程，还可以用宏程序指令对这些变量进行赋值、运算处理。

按变量号码可将变量分为空变量、局部变量（local）、全局变量（common）和系统变量（system），见表11-4。

表11-4　变量类型及含义

变量号	变量类型	功能
#0	空变量	该变量总是空，没有值能赋给该变量
#1～#33	局部变量	局部变量只能用在宏程序中存储数据，例如，运算结果。当断电时，局部变量被初始化为空。调用宏程序时，自变量对局部变量赋值
#100～#199 #500～#999	全局变量	全局变量在不同的宏程序中的意义相同，#100～#199断电为空；#500～#999断电不丢失
#1000～#9999	系统变量	系统变量用于读和写CNC运行时各种数据的变化，例如，刀具的当前位置和补偿值

二、B类宏程序编程

1. B类宏程序变量的赋值

【1】直接赋值

变量可以在操作面板上用MDI方式直接赋值，也可以在程序中以等式方式赋值，但等号左边不能用表达式。例如：

#100=50.0；

#100=50.0+30.0；

【2】引数赋值

宏程序以子程序的方式出现，所用的变量可在宏程序调用时赋值。例如：

G65 F1000 X100.0 Y30.0 Z20.0；

此处的X、Y、Z不代表坐标地址，F也不代表进给地址，而是对应宏程序中的变量号，变量的具体数值由赋值地址后的数值决定。引数宏程序体中的变量对应关系有两种，这两种赋值方法可以混用，其中，G、L、N、O、P不能作为引数变量赋值；大部分无顺序要求，但I、J、K作为赋值地址赋值时必须按字母顺序使用，见表11-5。

表11-5　FANUC 0i 地址与局部变量的对应关系

变量赋值I地址	用户宏程序本体中的变量	变量赋值II地址	变量赋值I地址	用户宏程序本体中的变量	变量赋值II地址
A B C	#1 #2 #3	A B C	S T U	#19 #20 #21	I_6 J_6 K_6
I J K	#4 #5 #6	I_1 J_1 K_1	V W X	#22 #23 #24	I_7 J_7 K_7
D E F	#7 #8 #9	I_2 J_2 K_2	Y Z	#25 #26 #27	I_8 J_8 K_8
— H —	#10 #11 #12	I_3 J_3 K_3		#28 #29 #30	I_9 J_9 K_9
M — —	#13 #14 #15	I_4 J_4 K_4		#31 #32 #33	I_{10} J_{10} K_{10}
— Q R	#16 #17 #18	I_5 J_5 K_5			

例如：变量赋值方法Ⅰ：

G65 P0200 A5.0 X40.0 F100.0;

经赋值后，#1=50.0，#24=40.0，#9=100.0。

变量赋值方法Ⅱ：

G65 P0300 A50.0 I40.0 J100.0 K0 I20.0 J10.0 K40.0;

经赋值后，#1=50.0，#4=40.0，#5=100.0，#6=0，#7=20.0，#8=10.0，#9=40.0。

变量赋值方法Ⅰ、Ⅱ混合：

G65 P0300 A50.0 D40.0 I10.0 K0 I20.0;

经赋值后，D40.0 与 I20.0 同时分配给变量#7，则最后一个#7有效，所以变量#7=20.0。该种方法在使用时需要格外谨慎，防止赋值错误。建议不使用该种方法赋值。

2. B 类宏程序运算指令

等式右边的表达式可包含常量或由函数或运算符组成的变量。表达式中的变量#j和#k可以用常量赋值。等式左边的变量也可以用表达式赋值。其中算数运算主要指加减乘除函数等，逻辑运算可以理解为比较运算，见表11-6。

表 11-6　FANUC 0i 算数和逻辑运算一览表

功能		格式	备注
定义、置换		#i=#j	
算术运算	加法	#i=#j+#k	
	减法	#i=#j-#k	
	乘法	#i=#j*#k	
	除法	#i=#j/#k	
	正弦	#i=SIN[#j]	三角函数及反三角函数的数值均以度（°）为单位指定，如90°30′表示为90.5°
	反正弦	#i=ASIN[#j]	
	余弦	#i=COS[#j]	
	反余弦	#i=ACOS[#j]	
	正切	#i=TAN[#j]	
	反正切	#i=ATAN[#j]/[#k]	
	平方根	#i=SQRT[#j]	
	绝对值	#i=ABS[#j]	
	四舍五入	#i=ROUND[#j]	
	指数函数	#i=EXP[#j]	
	自然对数	#i=LN[#j]	
	上取整	#i=FIX[#j]	
	下取整	#i=FUP[#j]	
逻辑运算	与	#i AND #j	
	或	#i OR #j	
	异或	#i XOR #j	
从 BCD 转为 BIN		#i=BIN[#j]	用于与 PMC 的信号交换
从 BIN 转为 BCD		#i=BCD[#j]	

宏程序计算说明如下。

（1）反正弦运算 #i=ASIN[#j]

① 取值范围如下：

当参数（No.6004#0）NAT 位设置为 0 时，在 270°～90°范围内取值；

当参数（No.6004#0）NAT 位设置为 1 时，在 -90°～90°范围内取值。

② 当 #j 超出 -1 到 1 的范围，触发程序错误 P/S 报警 No.111。

③ 常数可代替变量 #j。

（2）反余弦运算 #i=ACOS[#j]

① 取值范围：180°～0°。

② 当 #j 超出 -1 到 1 的范围，触发程序错误 P/S 报警 No.111。

③ 常数可代替变量 #j。

（3）反正切运算 #i=ATAN[#j]/[#k]

① 采取比值的书写方式（可理解为对边/邻边）。

② 取值范围如下：

当参数（No.6004#0）NAT 位设置为 0 时，在 0°～360°范围内取值。例如，当指定 #=ATAN[-1]/[1]时，#1=225°。

当参数（No.6004#0）NAT 位设置为 1 时，在 -180°～180°范围内取值。例如，当指定 #=ATAN[-1]/[-1] 时，#1=-135°。

③ 常数可代替变量 #j。

（4）自然对数运算 #i=LN[#j]

① 相对误差可能大于 10^{-8}。

② 当反对数（#j）为 0 或小于 0 时，触发程序错误 P/S 报警 No.111。

③ 常数可代替变量 #j。

（5）指数函数 #i=EXP[#j]

① 相对误差可能大于 10^{-8}。

② 当运算结果超过 $3.65×10^{47}$（j 大约是 110）时，出现溢出触发程序错误 P/S 报警 No.111。

③ 常数可代替变量 #j。

（6）上取整 #i=FIX[#j] 和下取整 #i=FUP[#j]

CNC 处理数值运算时，无条件地舍去小数点部分称为上取整；小数点部分进位到整数称为下取整（注意与数学上的四舍五入区别）。对于负数的处理要特别小心。

例如：假设 #1=1.2，#2=-1.2。

① 当执行 #3=FIX[#1] 时，1.0 赋予 #3。

② 当执行 #3=FUP[#1] 时，2.0 赋予 #3。

③ 当执行 #3=FIX[#2] 时，-1.0 赋予 #3。

④ 当执行 #3=FUP[#2] 时，-2.0 赋予 #3。

（7）算术与逻辑运算指令的缩写

程序中指定函数时函数名的前两个字符可以用于指定该函数。

例如：ROUND → RO FIX → FI

3. B 类宏程序转移指令

在程序中，使用 GOTO 语句和 IF 语句可以改变控制执行顺序。分支和循环操作共有三种类型，分别如下。

【1】无条件转移（GOTO 语句）

转移（跳转）到有顺序号 n 的程序段。当指定 1～99999 以外的顺序号时，会触发 P/S 报警 No.128。其格式为：

GOTO n：n 为顺序号（1～99999）

例如：GOTO 99，即转移至第 99 行。

【2】条件转移（IF 语句）

IF 之后指定条件表达式。

① IF[< 条件表达式 >] GOTO n。

表示如果指定的条件表达式满足时，则转移（跳转）到标有顺序号 n 的程序段。如果不满足指定的表达式，则顺序执行下个程序段。如果变量 #1 的值大于 100，则转移（跳转）到顺序号为 N99 的程序段。

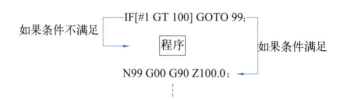

② IF[< 条件表达式 >] THEN。

如果指定的条件表达式满足时，则执行预先指定的宏程序语句，而且只执行一个宏程序语句。

IF [#1 EQ #2] THEN #3=10；如果 #1 和 #2 的值相同，10 赋值给 #3。

说明：

条件表达式：条件表达式必须包括运算符。运算符插在两个变量中间或变量和常量中间，并且用"[ ]"封闭。表达式可以代替变量。

运算符：运算符由 2 个字母组成（见表 11-7），用于两个值的比较，以决定它们是相等还是一个值小于或大于另一个值。特别注意，不能使用符号代替。

表 11-7　关系运算

类型	功能	运算符	格式	注释
关系运算	等于（=）	EQ	#i EQ #j	equal
	不等于（≠）	NE	#i NE #j	Not equal
	大于或等于（≥）	GE	#i GE #j	Greater than or equal
	大于（>）	GT	#i GT #j	Greater than
	小于或等于（≤）	LE	#i LE #j	Less than or equal
	小于（<）	LT	#i LT #j	Less than

【3】循环（WHILE 语句）

在 WHILE 后指定一个条件表达式。当指定条件满足时，则执行从 DO 到 END 之间的程序。否则，转到 END 后的程序段。

DO 后面的数字是指程序执行的范围的标号，标号值为 1，2，3。如果使用了 1，2，3 以外的值，会触发 P/S 报警 No.126。

① 嵌套。标号（1，2，3）可以根据需要多次使用。

DO 的范围不能交叉。

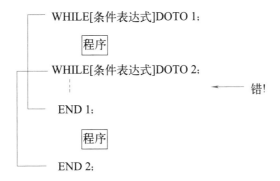

DO 循环可以 3 重嵌套。

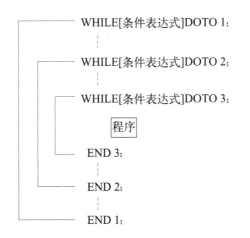

（条件）转移可以跳出至循环的外部。

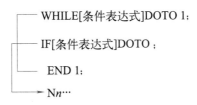

（条件）转移不能进入循环区内。

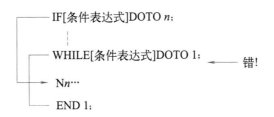

② 循环（WHILE 语句）使用注意事项。DO m 和 END m 必须成对使用：DO m 和 END m 必须成对使用，而且 DO m 一定要在 END m 指令之前。用识别号 m 来识别。

无限循环：当指定 DO 而没有指定 WHILE 语句时，将产生从 DO 到 END 之间的无限循环。

4. 调用宏程序

宏程序常用调用方式如下。

【1】简单调用 G65

当调用 G65 时，地址 P 后指定的用户宏程序被调用，同时数据（实参）被传递给用户宏程序。

指令格式：G65 Pp Ll <实参描述>；

其中：p 为被调宏程序号；L 为调用次数，缺省值为 1。实参为传送给宏程序的数据。

例如：

O0005;   O2015;
…   #3=#1+#2;
G65 P2015 L2 A1.0 B2.0;   IF [#3 GT 360]GOTO9;
…   G00 G91 X#3;
M30;   N10 M99;

即表示在 O0005 程序中调用 O2015 程序，且将 A1.0 和 B2.0 数值传递给 O2015 程序中与之对应的变量。

① 调用。在 G65 后用地址 P 指定需调用的用户宏程序号；当重复调用时，在地址 L 后指定调用次（1～99）。L 省略时，既定调用次数是 1。

通过使用实参描述，数值被指定给对应的局部变量。

② 实参描述。有两种实参描述类型，实参描述类型 I 可同时使用除 G、L、O、N 和 P 之外的字母各一次。而实参描述类型 II 只能使用 A、B、C 各一次，使用 I、J、K 最多十次。实参描述类型根据使用的字符自动判断。

③ 实参描述 I 和 II 的混合。NC 内部识别实参描述 I 和 II，当二者混合指定时，实参描述类型由后出现的地址决定。

④ 小数点的位置。一个不带小数点的实参在数据传递时，其单位按其地址对应的最小精度解释，因此，不带小数点的实参，其值在传递时有可能根据机床的系统参数设置而被更改。为此，应养成在宏调用实参中使用小数点的好习惯，以保持程序的兼容性。

⑤ 调用嵌套。调用可嵌套四层，包括简单调用 G65 和模态调用 G66，但不包括子程序调用 M98。

【2】模态调用 G66

一旦调用了指令 G66，就指定了一种模态宏调用，即在（G66 之后的）程序段中指令的各轴运动执行完后，调用（G66 指定的）宏程序。这将持续到指令 G67 为止，才取消模态宏调用。

G66 Pp Ll <参数指定>；

其中：p 为被调宏程序号；L 为调用次数，缺省值为 1。实参为传送给宏程序的数据。

① 调用。在 G66 后，用地址 P 为模态调用指定程序号；当需要重复次数时，可在地址 L 后指定从 1～9999 的数字。和简单调用 G65 一样，传递给宏程序的数据用实参指定。

② 取消。当指定 G67 指令时，后续程序段不再执行模态调用。

③ 调用的嵌套。调用可嵌套四层，包括简单调用 G65 和模态调用 G66，但不包括子程序调用 M98。

【3】使用 G 代码的宏调用

通过在系统参数中设置 G 代码数字可用于调用宏程序，该程序就像简单调用 G65 一样被调用。

 拓展训练

完成图 11-72 所示零件的加工。

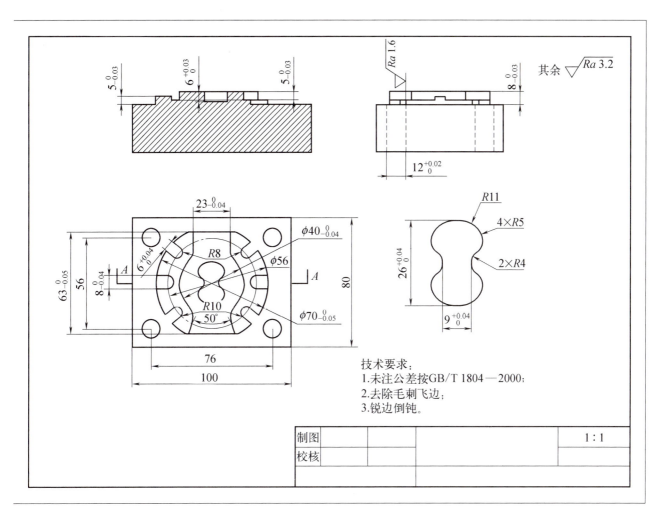

图 11-72 零件图

任务十二　复杂曲面零件铣削加工

 任务目标

【知识目标】

1. 了解 CAM 软件编程的特点。
2. 掌握曲面铣削的基本知识。
3. 掌握曲面造型方法。
4. 理解球头刀具的切削特点。

【能力目标】

1. 能合理安排零件的数控铣削加工工艺。
2. 能掌握一定的数控编程加工策略，包括分析加工对象、划分加工区域和规划加工路线。
3. 能合理选用 CAM 加工策略并生成走刀路线和 G 代码。
4. 能够运用数控加工程序铣削复杂曲面，并达到加工要求。
5. 能建立一定的数控编程加工策略思维。

【思政与素质目标】

树立高尚的职业道德，具有一丝不苟的工作态度，弘扬爱国主义和工匠精神。

 任务实施

【任务内容】

现有一毛坯为已经加工好的 200mm×90mm×60mm 的长方体钢料，完成图 12-1 所示零件型芯的设计与加工，确保尺寸要求。

【工艺分析】

12.1　零件图分析

由零件图可知，零件模具型芯四侧面起模斜度为 1°，四边倒角 $R4$，顶面由平面、$R160$ 圆弧面、$R120$ 圆弧面、$R30$ 圆弧面相切组成的复杂曲面向内补正 2mm，再根据零件 ABS 材料收缩率 5‰进行放大所得，如图 12-2 所示。

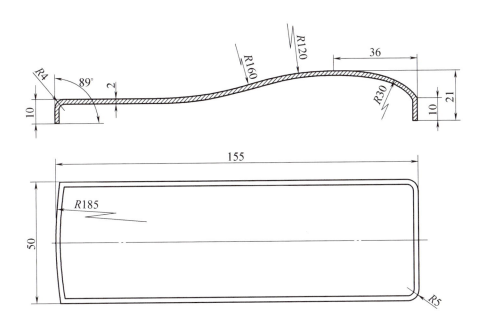

图 12-1　零件图

图 12-2　模具型芯

12.2　确定装夹方式和加工方案

（1）装夹方式

工件外形为长方形，可选用机用平口钳和平行垫铁配合装夹。需要注意的是毛坯高度要先经过两次装夹后加工到尺寸，然后不拆卸毛坯，直接进行后续的加工，所以在第二次装夹时，毛坯露出钳口的高度应大于 21mm，在装夹工件时要事先测好这个高度，防止毛坯在后续加工时遇到无法加工的情况。此处选毛坯露出钳口的高度为 28mm，如图 12-3 所示。

图 12-3　毛坯装夹

（2）加工方案

首先用直径为 ϕ25mm、圆角半径为 R5 的合金钢圆鼻刀对型芯曲面进行开粗加工，然后用 ϕ16mm 立铣刀对型芯分型面进行精加工，再用 ϕ12mm、圆角半径 R0.8 的圆鼻刀和 ϕ10mm 球刀对型芯进行半精加工和精加工，最后用 ϕ16mm 立铣刀进行清角加工。

【编写技术文件】

12.3 工序卡（见表12-1）

表12-1 工序卡

材料	45钢	产品名称或代号		零件名称		零件图号	
		N0010		型芯		XKA001	
工序号	程序编号	夹具名称		使用设备		车间	
0001	O0010	平口钳		VMC850-E		数控车间	
工步号	工步内容	刀具号	刀具规格 ϕ/mm	主轴转速 n/(r/min)	进给量 f/(mm/min)	背吃刀量 a_p/mm	备注
1							
2							
3							
4							
5							
6							
7							
8							
9							
10							
11							
12							
13							
14							
15							
编制		批准		日期		共1页	第1页

学生根据下面的零件CAM程序自行填写。

12.4 刀具卡（见表12-2）

表12-2 刀具卡

序号	刀具	规格	材质	备注
1	圆鼻刀	ϕ25（R5）	硬质合金	
2	圆鼻刀	ϕ12（R0.8）	硬质合金	
3	立铣刀	ϕ16	硬质合金	
4	球头刀	ϕ10	硬质合金	

【零件CAM程序编制】

具体内容扫二维码学习。

零件CAM程序编制

【零件加工】

加工操作同前面任务，不再赘述。

 知识拓展

——自动编程

一、MasterCAM 数控编程基础

1. MasterCAM 简介

MasterCAM 是美国 CNC Software 公司开发的集 CAD/CAM 技术于一体的软件。它具有二维绘图、三维实体造型、曲面设计、数控编程和刀具路径模拟等功能。

2. MasterCAM 编程特点

① 简单易学。MasterCAM 编程界面简练，刀具路径的生成方法操作简便。

② 方便、快捷。MasterCAM 中轮廓线的选取非常方便，除了直接串连选取外还可以采用窗选。当下一步刀路的生成方式和前面已生成的刀路方式相同时，可复制前面生成的刀路，再作一些加工参数的修改即可生成下一步的刀路。

③ 相关性好。MasterCAM 系统储存了一个常用的操作数据库可用于自动加工，用户只要把常用的加工方法和加工参数存储于数据库中，使用时将其调出来并作适当的修改即可完成当前任务。

④ 2D 功能。通过 2D 刀具路径方法可以加工很简单的 2D、2.5D 零件，也可以加工较复杂的 2D、2.5D 零件，极大地提高了编程者的工作效率。

⑤ 强大的曲面加工功能。曲面加工功能非常灵活，而且加工方法丰富。粗加工功能强大，能对曲面、实体或两者混合加工，能识别需用小刀加工的残料区域，能自动调整所有粗加工的切入点。精加工方法多样，能加工复杂零件。清角加工时 MasterCAM 系统自动对剩余材质进行识别，并清除零件表面的剩余材料，以获得好的表面质量。

⑥ 高效的高速加工和多轴加工功能。高速加工和多轴加工提升了零件加工的灵活性，结合高速加工和多轴加工的特点，可方便、快速地编制出高质量的加工程序。

3. 刀具路径说明及注意事项

【1】二维加工

① 基于特征的铣削加工：根据 3D 实体模型特征自动进行工艺规划和钻铣削的编程加工。该功能只需提供 3D 实体模型特征，操作者根据需要进行相关参数的设置或直接由 MasterCAM 根据零件的特征信息自动给出最适合的加工策略。

② 外形铣削：生成沿二维或三维曲线移动的刀具路径，通常用于工件的外形加工。可实现在料外进刀，下刀点应避开曲线的拐角处。该刀路可以加工简单的工件，也可以加工复杂的工件，可实现粗、精加工。

③ 钻孔加工：主要用于加工孔、攻螺纹等，以点确定加工位置。

④ 挖槽加工：将开放或封闭曲线边界所包围的材料进行加工，从而获得所需的形状，可实现粗、精加工，操作方便简单。对封闭凹槽开粗时，要注意设置好刀具在坯料上进刀，下刀时选用螺旋或斜线下刀，其走刀方式首先选择双向铣削。

⑤ 面铣削：在同一深度内生成铣削加工的刀具路径，常用于平面精加工。用外形铣削和二维挖槽加工可达到相同效果。

⑥ 二维高速加工：生成二维高速加工刀具路径，相比外形轮廓铣具有高速高效的特点。

⑦ 雕刻加工：用于生成文字雕刻加工的刀具路径。

【2】三维曲面粗加工

① 平行粗加工：生成分层平行铣削的粗加工刀具路径，加工后工件表面刀路呈平行条纹状。刀路生成时间长，提刀较多，粗加工效率低，比较少采用。

② 放射状粗加工：生成以定点为径向中心的放射状粗加工刀具路径，加工后工件表面呈放射状。生成的刀具路径在靠近中心位置的地方刀路重叠多，但是离中心位置越远的地方刀路间的间距就会越大，往往造成余量过多，而且提刀次数多，刀路生成时间长，效率低，较少采用。

③ 投影粗加工：将几何图素或已有的刀路数据投影到曲面上形成新的加工刀具路径。

④ 曲面流线粗加工：刀具依据构成曲面的横向或纵向结构线方向进行加工。

⑤ 等高外形粗加工：刀具沿曲面进行等高曲线加工，对复杂曲面的加工效果显著，加工后的工件表面呈梯田状。

⑥ 残料清除粗加工：根据以前已加工或因刀具较大加工所残留的材料作进一步修整加工，达到清除残料的目的，刀路生成时间长，较少采用。

⑦ 曲面挖槽粗加工：根据曲面形态在 Z 方向分层生成位于曲面与加工边界之间的所有材料，加工后的工件表面呈梯田状。设置操作简单，刀路生成时间短，刀具切削负荷均匀，几乎能将曲面所需加工的材料都清除完毕，相比于其他开粗刀路其加工效率是最高的。常作为开粗首选方案，其走刀方式首选双向铣削。

⑧ 插削式粗加工：在曲面与凹槽边界材料之间生成类似于钻孔方式的刀具路径，加工效率高，但是对机床和刀具的性能要求高，加工成本高。

【3】三维曲面精加工

① 平行精加工：与粗加工类型相似，无深度方向的分层控制。加工较平坦的曲面时能取得较好的效果，但对有陡斜面的地方效果较不明显，此时需注意加工角度的控制。精加工时应用广泛，开粗时也可使用。

② 平行陡斜面精加工：生成清除曲面斜坡上残留材料的精加工刀具路径。一般作为加工陡斜面效果不佳时的补充方案，和其他加工方法配合使用，可达到良好效果。

③ 投影精加工：与粗加工类型相似，将几何图素或已有的刀路数据投影到曲面上并形成新的加工刀具路径，一般作为补充加工方案用。

④ 曲面流线精加工：与粗加工类型相似，刀具依据构成曲面的横向或纵向结构线方向进行加工。

⑤ 放射状精加工：与粗加工类型相似，适用于如球类特征的曲面精加工，当加工范围不大时能取得较好的加工效果。

⑥ 等高外形精加工：与开粗加工类型相似，广泛应用于直壁或是陡峭面精加工，应用广泛。

⑦ 浅平面精加工：与等高外形加工相似，适合于加工小坡度的曲面，加工范围由角度限制，加工效果好，可作为等高外形加工效果不佳时的补充方案。

⑧ 环绕等距精加工：生成以等步距环绕工件曲面加工的刀具路径，加工坡度不大的曲面时可取得良好效果，适用范围比较广。

⑨ 交线清角精加工：在曲面相交处生成刀具路径以清除残料，是比较实用的清角方法，作为补加工用。

⑩ 残料清除精加工：用于生成因使用较大直径刀具加工所残留的材料的精加工刀具路径，刀路生成时间长。

4. 编程策略

【1】分析加工对象和划分加工区域

只有结合工件特点去考虑刀路的适用特点，做好刀路分工，才能获得好的加工效果。需要进行分区域加工的情况有如下几种：

① 尺寸差异较大：如出现一处转角半径为 $R10$，而另一处却为 $R3$ 的拐角，或有的地方比较宽阔，

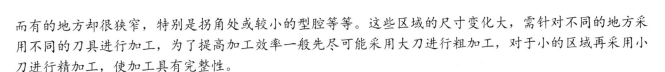

而有的地方却很狭窄，特别是拐角处或较小的型腔等等。这些区域的尺寸变化大，需针对不同的地方采用不同的刀具进行加工，为了提高加工效率一般先尽可能采用大刀进行粗加工，对于小的区域再采用小刀进行精加工，使加工具有完整性。

② 形状差异较大：特别是同时出现平整面与自由曲面时，有的地方很平坦，有的地方形状变化大，如陡然变化的凸、凹曲面等等。平整面尽可能采用二维加工，一些较平坦的自由曲面可采用平行铣，陡然变化的曲面一般采用等高外形加工，这些都需要针对不同的形状特点采用不同的加工方式，以获得好的加工品质。

③ 精度和表面质量要求差异较大：因工件的使用特点，不同的地方会有不同的精度和粗糙度的要求。采用球刀精加工自由曲面时，表面质量要求高的地方，需采用较小的步距进行加工，表面质量要求不高的地方，可采用较大的步距进行加工，真正做到有的放矢，提高加工效率。

【2】规划加工路线

① 粗加工。开粗加工的目的就是以最快的速度去除加工余量，其效率取决于机床、刀具切削速度以及所采用的刀具路径。

② 精加工。精加工的目的就是达到所要求的加工精度和表面质量。根据曲面形状特点选用相应的刀路，平行精加工刀路适用范围广，适用率最高，但是有陡峭的一边会铣得不好，需要控制好加工角度和高度。

③ 清角加工。清角加工的目的就是去除精加工时剩余的残料。曲面交线处的清角一般用平刀走等高外形刀路较为合适，需控制加工高度。

5. CAM 软件数控编程一般步骤

【1】获得 CAD 模型

CAD 模型是 CAM 进行 NC 编程的前提和基础，任何 CAM 的程序编制必须有 CAD 模型作为加工对象才能进行编程，可以由 CAM 软件自带的 CAD 功能直接造型获得或通过与其他软件进行数控转换获得。MasterCAM 可以直接读取其他 CAD 软件所做的造型，如 PRT、DWG 等文件。通过 MasterCAM 的标准转换接口可以转换并读取如 IGES、STEP 等文件。

【2】分析 CAD 模型和确定加工工艺

① 分析 CAD 模型。对 CAD 模型进行分析是确定加工工艺的首要工作，要细致地做好模型的几何特点、形状与位置的公差要求、表面粗糙度要求、毛坯形状、材料性能要求、生产批量大小等分析。其中进行几何分析时应根据方便编程加工的原则确定好工件坐标系，为使生成的刀具路径规范化，应考虑对一些特殊的曲面部分是不是要进行曲面修补或其他编辑，要不要做一些辅助线作为加工轨迹用或限定加工边界等。

② 确定加工工艺。

a. 选择加工设备：根据模型几何特点，选择并确定好数控加工的部位及各工序内容，以充分发挥数控设备的功用。并不是所有的部位都可以采用数控铣床或加工中心去完成加工任务的，如有些方的或细小尖角部位应使用线切割或电火花才能完成加工。

b. 选择夹具：采用合适的装夹工具与方法，装夹时应考虑在加工过程中防止工件与夹具发生干涉。

c. 划分加工区域：针对不同的区域进行规划加工往往可以起到事半功倍的效果。

d. 加工顺序和走刀方式：根据粗、精加工的顺序及加工余量的分配确定加工顺序和走刀方式，缩短加工路线，减少空走刀，分清什么时候采用顺铣或逆铣。

e. 确定刀具参数：选好刀具的种类和大小，设置合理的进给速度、主轴转速和背吃刀量，同时采用什么样的冷却方式，以充分发挥刀具的性能。

【3】自动编程

结合加工工艺确定的内容，设置相关参数后，CAM 系统将根据设置结果进行刀具路径的生成。

【4】程序检验

编制好的刀具路径必须进行检验以免因个别程序出错影响加工效果或造成事故，主要检查是否过切、欠切或夹具与工件之间的干涉。可通过刀具路径重绘查看刀路有无明显的不正常现象，如有些圆弧或直线形状不正常，显得杂乱等，也可利用实体模拟加工看切削效果。

二、数控编程基础知识及编程注意事项

1. 常用刀具选择与参数设置

(1) 数控加工中常用刀具种类

① 平刀（平头锣刀、端铣刀）：主要用于开粗、平面光刀、外形光刀和清角清根。

② 圆鼻刀（牛鼻刀、牛头刀、飞刀）：主要用于粗加工硬度较高的材料和平面光刀，常用圆鼻刀圆角半径为 $R0.2\sim 6$。

③ 球刀（球头锣刀、R刀）：主要用于曲面精加工，对平面开粗及光刀时粗糙度大、效率低。

(2) 刀具材料的选用

常用的刀具材料有：高速钢和硬质合金。

高速钢刀具（白钢刀）：易磨损，价格便宜，一般用于直壁加工，普通的高速钢刀转速不宜太高，否则容易烧刀，进给速度小。常用于加工比较软的材料，如铜、铝合金可采用普通的高速钢或进口的高速钢刀，开粗加工时，如果不方便螺旋进刀则可采用垂直下刀（进刀量 $H<0.5$），刀具一般都不会断。

硬质合金刀具（合金刀、钨钢刀）：具有高密度、高硬度、耐高温、耐磨的特点，加工效果好，价格昂贵。常用于加工硬度比较高的材料，如钢材或经过淬火、烧焊的材料，采用硬质合金刀或飞刀进行加工可取得良好的加工效果。

(3) 切削加工参数的选择

① 切削深度：为有效地提高加工效率，在机床、工件和刀具刚度都允许的情况下，切削深度可直接等于加工余量。同时，适当地留一定的余量进行精加工，以保证零件的加工精度和表面粗糙度。

② 切削宽度：一般情况下切削宽度与刀具直径成正比，与切削深度成反比。其取值范围为刀具直径的 $0.6\sim 0.9$ 倍，粗加工时为提高加工效率可取大值。精加工时为获得好的表面质量可取小值。

③ 进给速度：当工件的质量要求能够得到保证时，为提高生产效率，可选择较高的进给速度。当机床和刀具的刚度都允许的条件下，可采用较大的切削速度，特别是工件材料切削性能比较好时，一般在 $100\sim 200$ mm/min 范围内选取；加工深孔或用高速钢刀具加工时，宜选择较低的进给速度，一般在 $20\sim 50$ mm/min 范围内选取；精加工时为获得好的加工质量，一般在 $0\sim 50$ mm/min 范围内选取；刀具空走刀时，一般直接采用机床数控系统设定的最高进给速度。

④ 主轴转速：应根据允许的切削速度和工件（或刀具）直径来选择。

其计算公式为：

$$n=1000v/\pi D$$

式中　n——主轴转速，r/min；

　　　v——切削速度，m/min，由刀具寿命决定；

　　　D——工件直径或刀具直径，mm。

2. 走刀路线的选择

数控加工中不同的走刀路线往往可以获得不同的加工效果，包括的内容有进退刀路线，加工时的运动路线，顺铣与逆铣等，如图12-43所示。为保证零件加工精度和达到表面粗糙度的要求，简化计算，

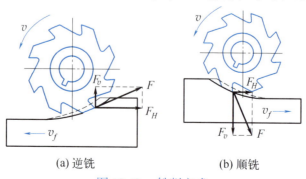

(a) 逆铣　　　　　　　　(b) 顺铣

图 12-43　铣削方式

使走刀路线最短,提高加工效率,在MasterCAM中针对不同的刀路形式选择不同的走刀路线。合理选择走刀路线,可以在同样加工时间的条件下,获得更好的加工品质。

【1】进、退刀路线

刀具进刀时,应避免沿零件外轮廓的法向切入,而应沿外轮廓曲线延长线的切向切入,以避免在切入处由于法向力过大产生刀痕影响表面质量,退刀时也一样。铣削封闭的内轮廓零件时,若内轮廓曲线允许外延,则应沿切线方向切入、切出。若内轮廓曲线不允许外延时,此时刀具的切入、切出点应尽量选在内轮廓曲线两几何图素的交点处。一般情况下,在进行轮廓加工时都要避免在轮廓的转角处进、退刀,而且进、退刀方式一般采用相切的圆弧或直线进行进、退刀。

【2】平行切削

在MasterCAM中平行切削方式分为单向切削和双向切削,并且可以根据零件特点指定加工角度,如图12-44所示。

(a) 加工角度为0°　　　　　　　　　(b) 加工角度为45°

图12-44　加工角度

【3】环绕切削

切削方式是围绕轮廓的外形以等距的环绕方式进行加工,可指定向内或向外环绕加工方式,这种刀路在同一层内不提刀。相比平行切削,除了能加工平坦面外,最大的优势是加工具有一定坡度的曲面时可仍获得好的加工质量,MasterCAM刀路中的等高外形和等距环切就是这种方式。粗、精加工时应用较多。

3. 数控编程中常遇问题及解决方法

① 撞刀。加工时不但刀具的切削刃撞到工件,而且连刀杆也撞到工件的现象称为撞刀。

② 过切。加工时刀具把不能切削的部位也切削了的现象称为过切。

③ 弹刀。加工时指刀具因受力过大而产生幅度相对较大的振动称为弹刀。

④ 漏加工。加工时因编程人员考虑不周出现了一些刀具能加工到的地方却没有加工的现象称之为漏加工,漏加工是比较普遍也是最容易忽略的问题之一。

⑤ 多余的加工。加工时由于没有控制好加工范围对已加工的部位仍进行加工,或对于刀具加工不到的地方(如需采用电火花加工的部位)仍进行加工的现象称为多余的加工。

⑥ 空刀过多。加工时刀具没有切削到工件的现象称为空走刀,当空刀过多时则浪费时间。

⑦ 提刀过多或刀路凌乱。提刀在编程加工中是不可避免的,但提刀过多时就会浪费时间,大大地降低加工效率和提高加工成本。

在采用CAM软件编程的过程中如果不能很好地控制刀具轨迹,尽量不要对刀路进行修剪,编好程序后可用仿真软件进行模拟检查。编程人员要多去生产加工一线收集相关经验并做好记录,重视加工经验的累积。

拓展训练

完成图12-45所示零件的加工。

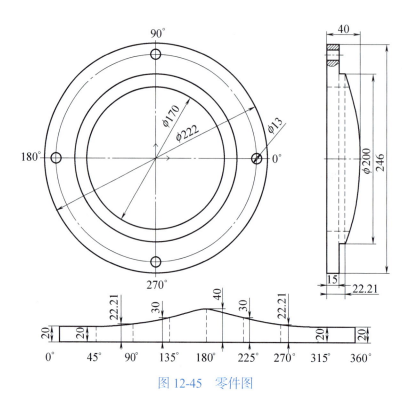

图 12-45 零件图

任务十三　高级工实操试题1铣削加工

任务目标

【知识目标】

1. 掌握计算机辅助编程技术。
2. 掌握工艺分析方法。
3. 了解数控系统的报警信息及机床故障诊断方法。

【能力目标】

1. 能编制中等复杂程度零件数控加工工艺文件。
2. 能够利用CAD/CAM软件进行中等复杂程度零件编程。
3. 能在数控铣床上熟练加工出相类似的零件并保证精度要求。
4. 能对顺铣和逆铣的加工效果有正确的认识，并形成刀路运动轨迹对加工质量有影响的编辑意识。
5. 能对数控编程中常见的问题进行分析并提出解决方法。
6. 能读懂数控系统的报警信息，发现加工中的一般故障。

【思政与素质目标】

1. 弘扬劳动光荣、技能宝贵，创造伟大的时代风尚。
2. 树立高尚的职业道德，具有一丝不苟的工作态度，弘扬爱国主义和工匠精神。

任务实施

【任务内容】

现有一毛坯为100mm×100mm×32mm的铝合金材料，试铣削如图13-1所示的工件，确保尺寸和粗糙度要求。

【工艺分析】

13.1　零件图分析

零件图中，首先分析尺寸。毛坯尺寸100×100为给定尺寸，不用加工，毛坯高度方向有余量，需保证公差。长度方向尺寸有方形凸台距离$76^{+0.05}_{0}$，方形凸台宽度$26^{0}_{-0.03}$，两个圆柱直径$\phi 12^{0}_{-0.03}$，两个孔径$\phi 12^{+0.02}_{0}$，中间十字凸台长宽尺寸均为$46^{0}_{-0.04}$，椭圆凹腔的尺寸为

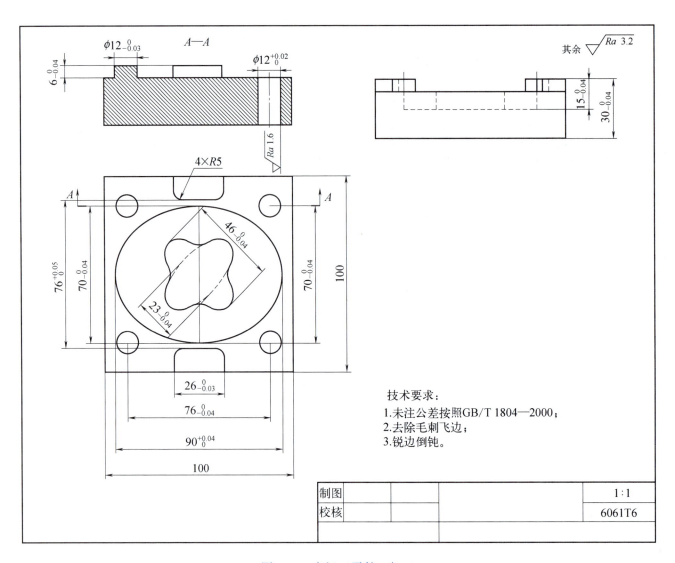

图 13-1 高级工零件 1 加工

$70_{-0.04}^{0} \times 90_{0}^{+0.04}$。高度方向尺寸有两个圆柱和方台高均为 $6_{-0.04}^{0}$，椭圆凹腔的深度为 $15_{-0.04}^{0}$，中间十字凸台高度为 $9_{-0.04}^{+0.04}$。图中公差等级均在 IT7～IT8 之间，采用数控铣床配合相应刀具加工完全可以达到公差要求。

其中的两个孔尺寸精度和表面粗糙度要求较高，鉴于孔径不大，实际加工时可选用铰刀加工。

毛坯材料为铝合金材料，比较适合切削加工，刀具应选择前角较小的刀具，适合加工铝料。切削参数选择时也要适应铝合金材料。

图纸尺寸中的长度尺寸均为对称尺寸标注，而高度尺寸是以毛坯顶面为基准进行标注的。尺寸的标注方法会影响到后续工艺基准的选择和工件坐标原点的设置。

技术要求中明确要去除毛刺飞边，锐边倒钝，在加工后要使用刮削器去除毛刺，并使用平锉和圆锉对零件四周和孔倒角，以满足图纸要求。

13.2 机床及夹具选择

零件有多个不规则轮廓、圆柱和通孔需要加工，由于工序较多，普通机床无法完成轮廓的加工，表面粗糙度也无法保证，故选用加工中心加工以满足图纸要求的精度。加工中心机床有刀库，可以解决使用多把刀具加工的换刀问题。

根据图纸中零件的外形结构分析，毛坯为 100×100 的正方形，高度只有 30mm，深度较浅。只有一个面需要加工，不需要工件调面，所以采用通用夹具平口钳即可装夹工件。

13.3 工件坐标原点的确定

从零件图分析可知，图纸尺寸中的长度尺寸均为对称尺寸，根据工艺知识可知，设计基准应为零件中心，即在 XY 平面内的设计基准在毛坯的中心处。在零件高度方向，标注的起始位置为毛坯顶面，即 Z 方向的设计基准为毛坯顶面。为保证加工轮廓与毛坯轮廓的位置，采用基准重合的原则，工件坐标系原点应和设计基准重合，也设置在毛坯的中心，即毛坯顶面的中心设置为工件坐标系原点（如图 13-2 所示），方便后续的编程和机床操作对刀。

13.4 进、退刀路线的确定

为了使加工表面达到图纸要求，刀具在切入切出工件时选用切线切入、切线切出的方式。在软件中的进退刀方式选择时使用圆弧切入和切出，保证工件表面质量，如图 13-3 所示。

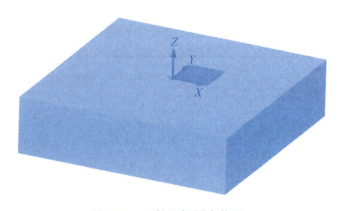

图 13-2 工件坐标原点位置

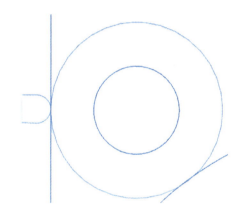

图 13-3 刀具进退刀路线

13.5 切削用量的确定

图纸说明加工用的毛坯材料为铝合金，刀具材料选择专切铝材的整体硬质合金，需要加工的深度最深处为 9mm，根据内外轮廓的不同确定切削参数见表 13-1。

表 13-1 切削用量

加工部位	工序名称	背吃刀量 a_p/mm	侧吃刀量 a_e/mm	切削速度 v_c/(m/min)	进给速度 F/(mm/min)
内外轮廓	粗加工	4	2	70	400
	半精加工	4	0.2	80	500
	精加工	4	0.1	80	500
$\phi 12$ 的孔	粗加工	24	5.99	40	50
	精加工	24	0.1	6	50

主轴转速可以由计算 v_c 的计算公式推导而来，见式（10-1）。由此可计算出主轴转速的值。

$$v_c = \frac{\pi D n}{1000} \rightarrow n = \frac{1000 v_c}{\pi D} \quad (10\text{-}1)$$

【编写技术文件】

13.6 工序划分

这里按照工序集中原则确定工序内容，按刀具划分工序。按照图纸的精度要求，把工序划分为粗加工、半精加工和精加工三个阶段。见表13-2。利用软件更换刀具直径、更改加工余量等方法实现不同工序的切削加工。

表13-2 工序划分

序号	工序	加工内容
1	粗加工	毛坯底面光刀
	精加工	工件调面，保高度尺寸
2	粗加工	两个26宽的方凸台，两个ϕ12的圆柱
		椭圆凹腔
		ϕ12的孔
	半精加工	半精两个26宽的方凸台，两个ϕ12的圆柱
		椭圆凹腔
	精加工	精加工轮廓，保公差
		精椭圆凹腔
		精ϕ12孔至尺寸

13.7 刀具选择

由工序划分可知，需要加工的主要内容是二维轮廓和孔，尺寸精度和深度适中，为提高加工效率，选择硬质合金刀具加工。选择方案见表13-3。

表13-3 刀具选择方案

刀具名称	刀具号	工序	规格	加工内容
盘刀	1	粗精加工	ϕ50	粗加工毛坯高度$30_{-0.04}^{0}$到尺寸
立铣刀	2	粗加工	ϕ12	粗加工四方凸台和圆柱
				粗加工椭圆凹腔
中心钻	3	粗加工	A3	点窝
麻花钻	4	粗加工	ϕ11.8	打底孔
立铣刀	5	半精加工	ϕ10	半精四方凸台和圆柱
				半精椭圆凹腔
		精加工		精加工四方凸台和圆柱到尺寸
				精椭圆凹腔
铰刀	6	铰孔	ϕ12H7	ϕ12孔打孔到尺寸

【零件CAM程序编制】

具体内容扫二维码学习。

绘制二线线框

凸台、凹腔粗加工

孔粗加工

零件CAM程序编制

半精加工

精加工

【零件加工】

加工操作同前面任务，不再赘述。

拓展训练

完成图 13-41 所示零件的加工。

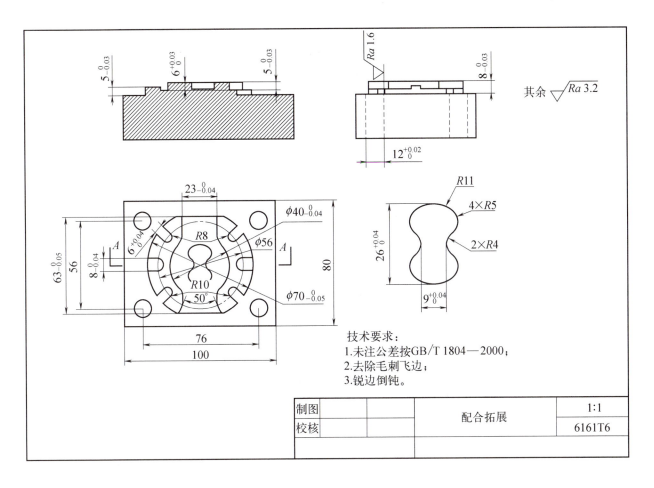

图 13-41 零件图

任务十四　高级工实操试题 2 铣削加工

【任务目标】

【知识目标】

1. 掌握零件完整的工艺分析方法。
2. 掌握计算机辅助编程技术。
3. 掌握零件加工相关知识。
4. 了解数控系统的报警信息及机床一般故障诊断方法。

【能力目标】

1. 能编制中等复杂程度零件数控加工工艺文件。
2. 能够利用 CAD/CAM 软件进行中等复杂程度零件编程。
3. 能完成在数控铣床上安装刀具和附件的整个过程，识别和确定在数控铣床上各种不同的加工操作，识别和确定在数控铣床上加工操作所需的各种功能参数。
4. 能判断顺铣和逆铣的加工效果。
5. 能在数控铣床上熟练加工出相类似的零件并保证精度要求。
6. 能对数控编程中常见的问题进行分析并提出解决方法。

【思政与素质目标】

弘扬精益求精的专业精神、职业精神、工匠精神和劳模精神，促进学生德技并修。

【任务实施】

【任务内容】

现有一毛坯为 100mm×100mm×32mm 的铝合金材料，试铣削如图 14-1 所示的工件，确保尺寸和粗糙度要求。

【工艺分析】

14.1　零件图分析

零件图中，首先分析尺寸。毛坯尺寸 100×100 为给定尺寸，不用加工，毛坯高度方向需要保证尺寸精度，应分粗、精加工两个工序完成。长度方向尺寸有 5 个尺寸，两个孔径 $\phi 10_{0}^{+0.02}$。高度方向尺寸有 3 个，凸台高度 $7_{-0.03}^{0}$，凹腔深度为 $15_{-0.04}^{0}$，中间孔深为 $8_{-0.03}^{0}$。图中公差等级均在 IT7～IT8 之间，采用数控铣床配合相应刀具加工完全可以达到公差要求。

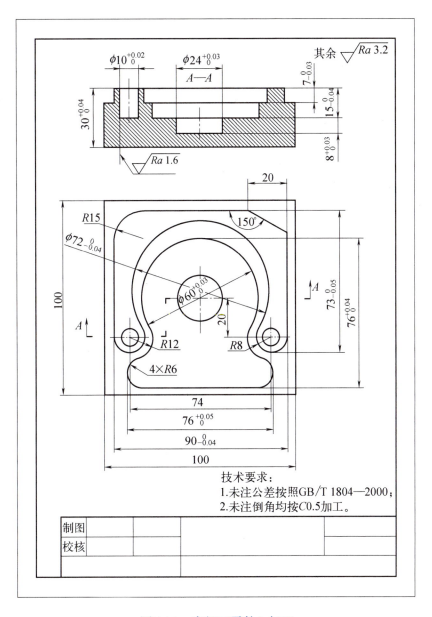

图 14-1 高级工零件 2 加工

其中的两个孔尺寸精度和表面粗糙度要求较高，鉴于孔径不大，实际加工时可选用铰刀加工。

毛坯材料为铝合金材料，比较适合切削加工，刀具应选择前角较小的刀具，适合加工铝料。切削参数选择时也要适应铝合金材料。

图纸尺寸中的长度尺寸均为对称尺寸标注，而高度尺寸是以毛坯顶面为基准进行标注的。由此可确定出工件坐标零点的位置。

技术要求中要求有 C0.5 倒角，在加工的最后一步要使用倒角刀加工倒角部位。

14.2 机床及夹具选择

零件有多个不规则轮廓和孔需要加工，由于工序较多，去除余量也较多，普通机床已无法完成轮廓尺寸的粗、精加工，表面粗糙度也无法保证，故选用数控铣床加工以满足图纸要求的精度。

根据图纸中零件的外形结构分析，毛坯为 100×100 的正方形，高度只有 30mm，深度较浅。零件只有一个加工面，所以采用通用夹具平口钳即可装夹工件。

14.3 工件坐标原点的确定

从零件图分析可知，图纸尺寸中的长度尺寸均为对称尺寸，根据工艺知识可知，设计基准应为零件中心，即在 XY 平面内的设计基准在毛坯的中心处。在零件高度方向，标注的起始位置为毛坯顶面，即 Z 方向的设计基准为毛坯顶面。为保证加工轮廓与毛坯轮廓的位置，采用基准重合的原则，工件坐标系原点应和设计基准重合，也设置在毛坯的中心，即毛坯顶面的中心设置为工件坐标系原点（如图 14-2 所示），方便后续的编程和机床操作对刀。

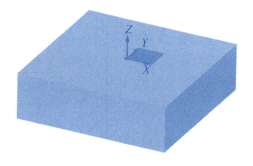

图 14-2　工件坐标原点位置

14.4 进、退刀路线的确定

为了使加工表面达到图纸要求，刀具在切入切出工件时选用切线切入、切线切出的方式。在软件中的进退刀方式选择时使用圆弧切入和切出，保证工件表面质量。

14.5 切削用量的确定

图纸注明加工用的毛坯材料为铝合金，刀具材料应选择专切铝材的整体硬质合金，需要加工的深度最深处为 8mm，根据内外轮廓的不同确定切削参数见表 14-1。

表 14-1　切削用量

加工部位	工序名称	背吃刀量 a_p/mm	侧吃刀量 a_e/mm	切削速度 v_c/(m/min)	进给速度 F/(mm/min)
凸台、凹腔、$\phi 24$ 孔	粗加工	3.5～4	2	70	400
	半精加工	3.5～4	0.2	80	500
	精加工	3.5～4	0.1	80	500
铰 $\phi 10$ 孔	精加工	15	0.1	6	50
倒角	精加工	0.5	0.5	80	500

主轴转速可以由计算 v_c 的计算公式推导而来，见式（10-1）。由此可计算出主轴转速的值。

$$v_c = \frac{\pi D n}{1000} \rightarrow n = \frac{1000 v_c}{\pi D}$$

【编写技术文件】

14.6 工序划分

这里按照工序集中原则确定工序内容，按刀具划分工序。按照图纸的精度要求，把工序划分为粗加工、半精加工和精加工三个阶段。见表 14-2。利用软件不同加工策略的选择实现不同工序的切削加工。

表 14-2　工序划分

序号	工序	加工内容
1	粗加工	毛坯底面光刀
	精加工	工件调面，保高度尺寸

续表

序号	工序	加工内容
2	粗加工	长度 90 的凸台
		深度为 15 的凹腔
		$\phi24$ 的孔
		两个 $\phi10$ 的孔
	半精加工	长度 90 的凸台
		深度为 15 的凹腔
		$\phi24$ 的孔
	精加工	精加工长度 90 的凸台，保公差
		精深度为 15 的凹腔
		精 $\phi24$ 孔至尺寸
		精 $\phi10$ 孔至尺寸
		棱边 C0.5 倒角

14.7 刀具选择

由工序划分可知，需要加工的主要内容是二维轮廓和孔，尺寸精度和深度适中，为提高加工效率，选择硬质合金刀具加工。选择方案见表 14-3。

表 14-3 刀具选择方案

刀具号	刀具名称	工序	规格	加工内容
1	盘刀	加工上下面	$\phi50$	加工毛坯高度 $30_0^{+0.04}$ 到尺寸
2	立铣刀	粗加工	$\phi12$	粗加工长度 90 的凸台
				粗加工深度为 15 的凹腔
				粗加工 $\phi24$ 孔
3	中心钻	粗加工	A3	打中心孔
4	麻花钻	粗加工	$\phi9.8$	打底孔
5	立铣刀	半精加工	$\phi10$	半精长度 90 的凸台
				半精深度为 15 的凹腔
				半精 $\phi24$ 孔
		精加工		精长度 90 的凸台
				精深度为 15 的凹腔
				精 $\phi24$ 孔
6	铰刀	铰孔	$\phi10H7$	铰 $\phi10$ 孔到尺寸
7	倒角刀	倒角	$\phi10$	棱边倒角

【零件 CAM 程序编制】

具体内容扫二维码学习。

毛坯高度加工

轮廓粗加工

孔粗加工

轮廓半精加工

零件 CAM 程序编制　　绘制二维线框　　轮廓精加工　　孔精加工　　倒角加工　　模拟仿真

【零件加工】

加工操作同前面任务，不再赘述。

拓展训练

完成图 14-48 所示零件的加工。

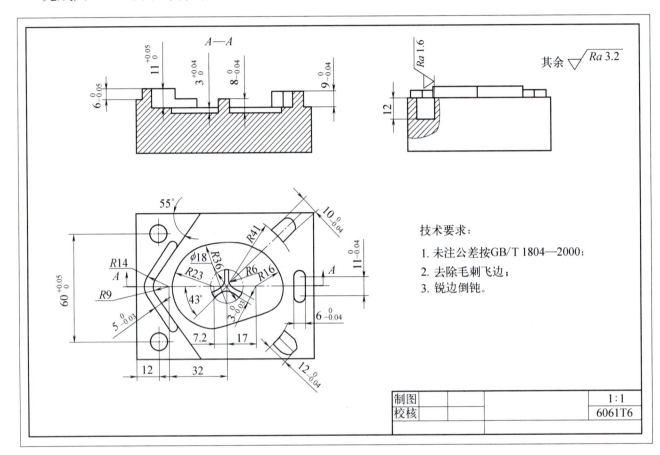

图 14-48　零件图

任务十五　技能竞赛案例 1 铣削加工

 任务目标

【知识目标】

1. 熟练掌握零件完整的工艺分析方法。
2. 熟练掌握计算机辅助编程技术。
3. 熟练掌握零件加工相关知识。
4. 了解数控系统的报警信息及机床一般故障诊断方法。

【能力目标】

1. 能编制中等复杂程度零件数控加工工艺文件。
2. 能够利用 CAD/CAM 软件进行中等复杂程度零件编程。
3. 能完成在数控铣床上安装刀具和附件的整个过程,识别和确定在数控铣床上各种不同的加工操作,识别和确定在数控铣床上加工操作所需的各种功能参数。
4. 能通过 DNC 程序在线加工。
5. 能在数控铣床上熟练加工出相类似的零件并保证精度要求。
6. 能对数控编程中常见的问题进行分析并提出解决方法。

【思政与素质目标】

弘扬爱国主义和工匠精神,树立高尚的职业道德,具有一丝不苟的工作态度。

 任务实施

【任务内容】

完成图 15-1 所示全国数控技能大赛数控铣工零件的加工。其材料为硬铝,毛坯尺寸为 100mm×100mm×50mm,如图 15-2 所示。现需要做 A、B 两个面特征的加工,确保尺寸和粗糙度要求。

【工艺分析】

15.1　零件图分析（图 15-3）

① A 面:2 个 $\phi 8$ 的圆柱台,2 个 23×8 的圆矩形台,2 个 $\phi 36$ 的圆柱台,4 个宽 11 的槽,48×58 的长方形槽,4 个 M6 的螺纹,$\phi 29$ 的通孔,M30 螺纹孔,$\phi 10$ 的通孔,24×24 的方形槽,

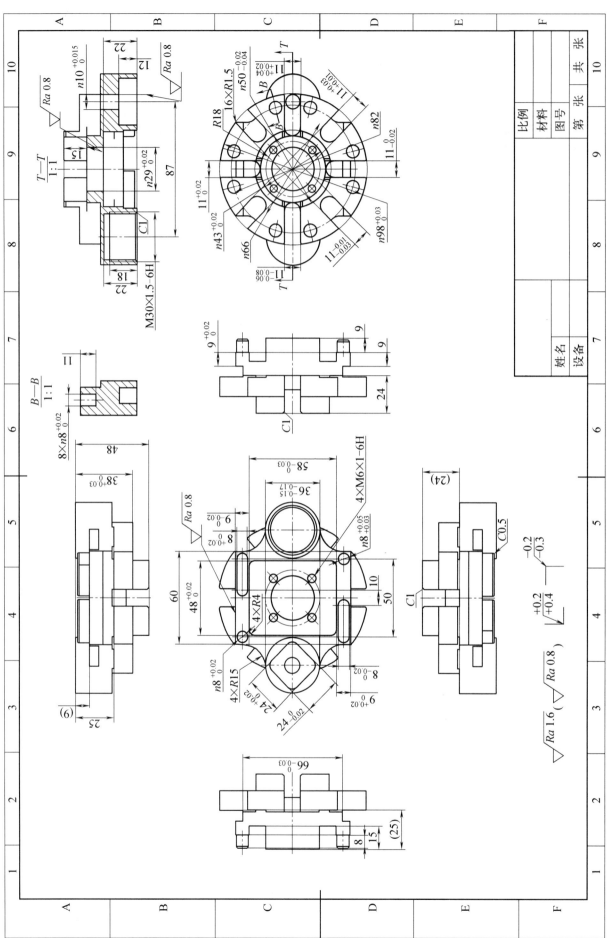

图 15-1 零件图

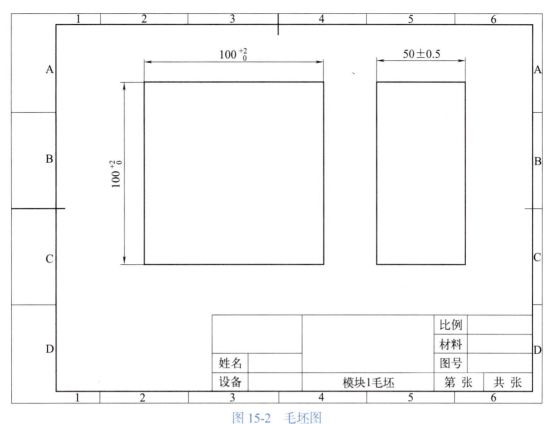

图 15-2 毛坯图

$C0.5$ 的倒角。（自行看公差。）

② B 面：外径 $\phi 50$、内径 $\phi 43$ 的环形槽，4 个宽 11 的槽（注意公差都不同），8 个宽 11 的槽（公差有六个不同的）。

③ 两侧边 7mm 宽的槽。

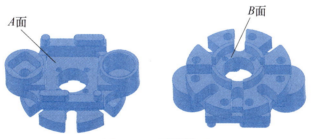

图 15-3 零件模型

15.2 确定装夹方式

装夹方式：采用精密平口钳装夹，加工 A 面时，精密平口钳装夹露出钳口 30mm 即可；加工 B 面时，精密平口钳钳口下面装夹工件尺寸 23mm 即可，如图 15-4 所示。

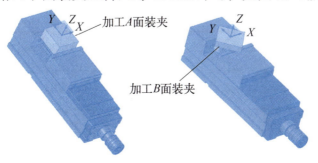

图 15-4 装夹方式

【编写技术文件】

15.3 工序卡(见表15-1)

表15-1 工序卡

材料	45钢	产品名称或代号		零件名称		零件图号	
		SAN01		技能竞赛案例1		XKA001	
工序号	程序编号	夹具名称		使用设备		车间	
0001	O0010	精密平口钳		VMC850-E		数控车间	
工步号	工步内容	刀具号	刀具规格 ϕ/mm	主轴转速 n/(r/min)	进给量 f/(mm/min)	背吃刀量 a_p/mm	备注
1							
2							
3							
4							
5							
6							
7							
8							
9							
10							
11							
12							
13							
14							
15							
16							
17							
18							
19							
20							
21							
22							
23							
24							
25							
26							
27							
28							
29							
30							
31							
32							
33							
34							
35							

续表

工步号	工步内容	刀具号	刀具规格 ϕ/mm	主轴转速 n/(r/min)	进给量 f/(mm/min)	背吃刀量 a_p/mm	备注
36							
37							
38							
39							
40							
41							
42							
43							
44							
45							
46							
47							
48							
49							
50							
编制		批准		日期		共1页	第1页

学生根据下面的零件 CAM 程序自行填写。

15.4　刀具卡（见表 15-2）

表 15-2　刀具卡

序号	刀具名称	规格	材质	备注
1	立铣刀	$\phi 12 \times 75$	硬质合金	
2	立铣刀	$\phi 10 \times 75$	硬质合金	
3	立铣刀	$\phi 8 \times 60$	硬质合金	
4	立铣刀	$\phi 6 \times 50$	硬质合金	
5	倒角刀	$10 \times 90°$	硬质合金	
6	钻头	$\phi 5.1$	高速钢	
7	钻头	$\phi 7.9$	高速钢	
8	铰刀	$\phi 8H7$	高速钢	
9	丝锥	$M6 \times 1$	高速钢	
10	内螺纹刀	刀杆 SNR0013M16　刀片螺距 1.5		需测回转直径

【零件 CAM 程序编制】

具体内容扫二维码学习。

零件 CAM 程序编制

拓展训练

完成图 15-95 所示零件的加工。

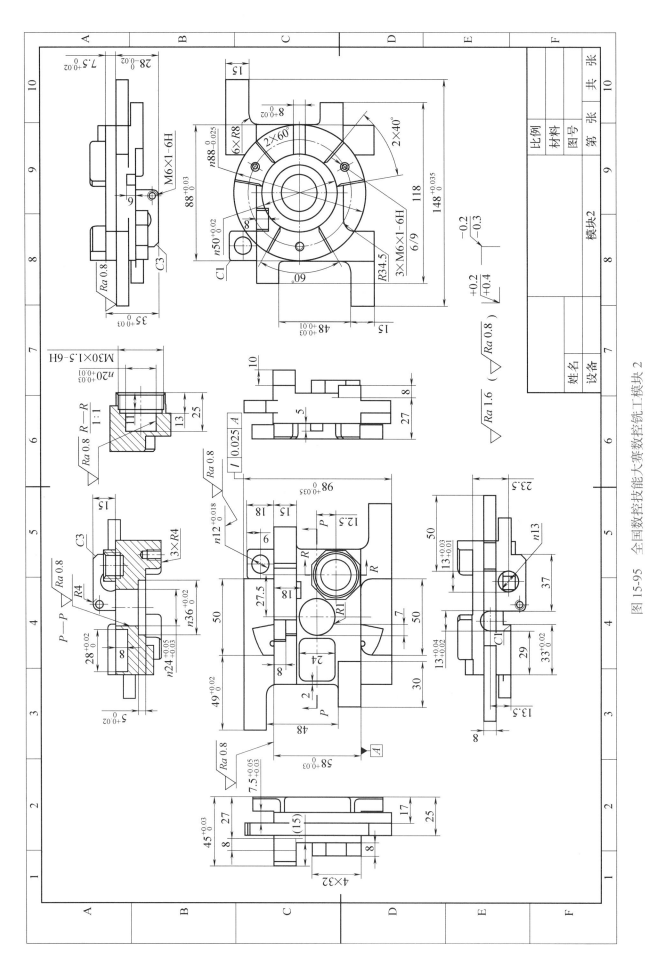

图 15-95 全国数控技能大赛数控铣工模块 2

任务十六 技能竞赛案例 2 铣削加工

任务目标

【知识目标】
1. 熟练掌握零件完整的工艺分析方法。
2. 熟练掌握计算机辅助编程技术。
3. 熟练掌握零件加工相关知识。
4. 了解数控系统的报警信息及机床一般故障诊断方法。

【能力目标】
1. 能编制中等复杂程度零件数控加工工艺文件。
2. 能够利用 CAD/CAM 软件进行零件多轴程序编制。
3. 能完成在数控铣床上安装刀具和附件的整个过程，识别和确定在数控铣床上各种不同的加工操作，识别和确定在数控铣床上加工操作所需的各种功能参数。
4. 能通过 DNC 程序在线加工。
5. 能在多轴机床上熟练加工出相类似的零件并保证精度要求。
6. 能对数控编程中常见的问题进行分析并提出解决方法。

【思政与素质目标】
树立高尚的职业道德，具有一丝不苟的工作态度，弘扬劳动光荣、技能宝贵，创造伟大的时代风尚。

任务实施

【任务内容】
完成图 16-1 所示全国数控技能大赛加工中心四轴零件的加工。其材料为硬铝，毛坯尺寸如图 16-2 所示。现需要做叶轮特征的加工，确保尺寸和粗糙度要求。

【工艺分析】

16.1 零件图分析

薄壁叶轮包括 8 个叶片，$\phi 70_{-0.056}^{-0.010}$，2 个 $16_{-0.07}^{0}$，2 个 $\phi 8H7$，2 个 $8_{-0.061}^{-0.025}$，2 个 34，4 个 40 ± 0.1 等，如图 16-3 所示。

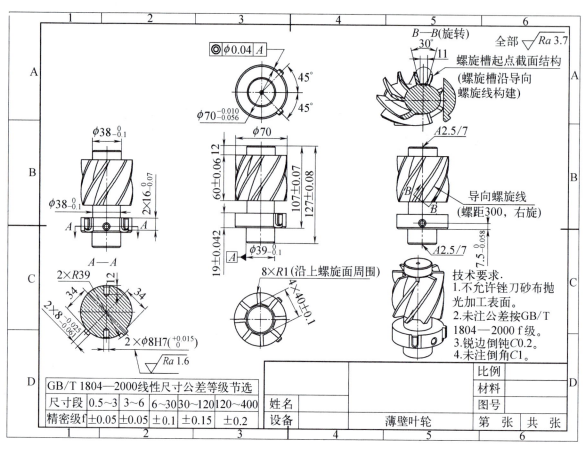

图 16-1 零件图

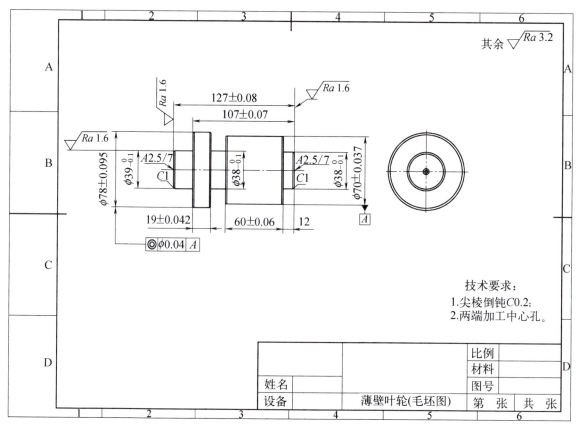

图 16-2 毛坯图

16.2 确定装夹方式

装夹方式：采用三爪卡盘夹持，如图 16-4 所示。

图 16-3　零件模型

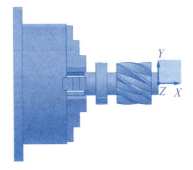

图 16-4　装夹方式

【编写技术文件】

16.3 工序卡（见表 16-1）

表 16-1　工序卡

材料	45钢	产品名称或代号		零件名称		零件图号	
		N0010		丝锥		XKA001	
工序号	程序编号	夹具名称		使用设备		车间	
0001	O0010	三爪卡盘		VMC850-E		数控车间	
工步号	工步内容	刀具号	刀具规格 ϕ/mm	主轴转速 n/(r/min)	进给量 f/(mm/min)	背吃刀量 a_p/mm	备注
1							
2							
3							
4							
5							
6							
7							
8							
9							
10							
11							
12							
13							
14							
15							
16							
17							
18							
19							
20							
21							
22							
编制		批准		日期		共1页	第1页

学生根据下面的零件 CAM 程序自行填写。

16.4 刀具卡（见表 16-2）

表 16-2　刀具卡

序号	刀具名称	规格	材质	备注
1	立铣刀	$\phi 10 \times 75$	硬质合金	
2	倒角刀	$10 \times 90°$	硬质合金	
3	钻头	$\phi 7.9$	高速钢	
4	铰刀	$\phi 8H7$	高速钢	
5	球头刀	$\phi 6$	硬质合金	

【零件 CAM 程序编制】

具体内容扫二维码学习。

零件 CAM 程序编制

 拓展训练

完成图 16-36 所示零件的加工。

任务十六 技能竞赛案例2 铣削加工

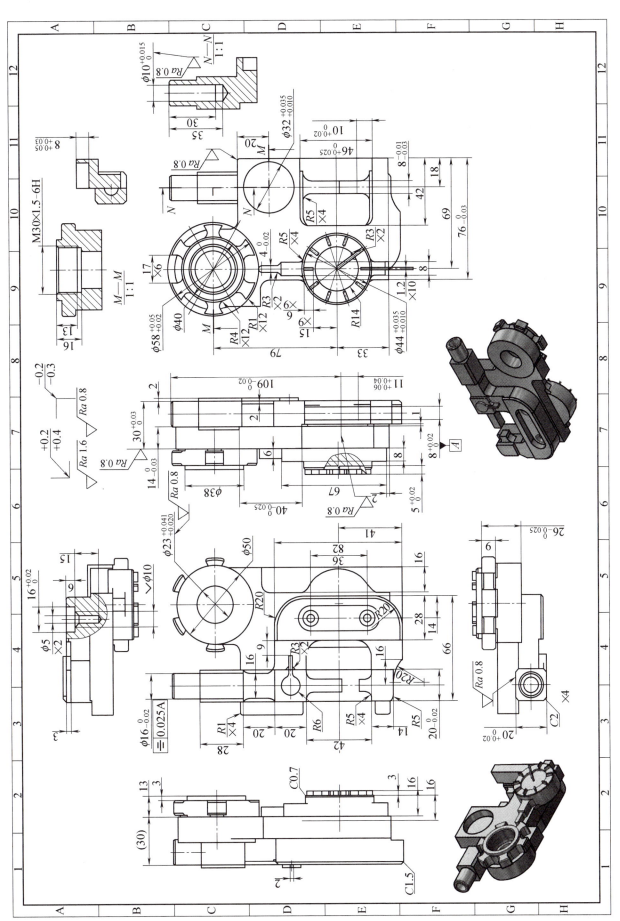

图 16-36 世赛全国选拔赛样题

参考文献

[1] 刘蔡保. 数控铣床（加工中心）编程与操作. 2版. 北京：化学工业出版社，2020.
[2] 于志德. 数控铣床与加工中心编程及加工. 2版. 北京：化学工业出版社，2022.
[3] 邓中华. 航空典型零件多轴数控编程技术. 北京：化学工业出版社，2021.